Pollution

Ashley Bickerton
Enrica Borghi
Luigi Carboni
Lawrence Carroll
Tony Cragg
Gregory Crewdson
Caryl Davis
Mario Dellavedova
Paola Di Bello
Andreas Gursky
Tim Hailand
Massimo Kaufmann
Luigi Mainolfi
Tony Matelli
Frank Moore
Dennis Oppenheim
Luca Pancrazzi
Alberta Pellacani
Alexis Rockman
Mark Dion
Bob Braine
Serse
Alessandra Spranzi
Joseph Stashkevetch
Hiroshi Sugimoto

Testi di / *Texts by*
Claudia Gian Ferrari
Manlio Brusatin

CHARTA

Progetto grafico / Design
Gabriele Nason

*Coordinamento
redazionale / Editorial
coordination*
Emanuela Belloni

Traduzioni / Translations
Michael Haggerty

Ufficio stampa / Press office
Silvia Palombi Arte & Mostre,
Milano

*Realizzazione
tecnica / Production*
Amilcare Pizzi Arti grafiche,
Cinisello Balsamo

In copertina / Cover
Alexis Rockman, Mark Dion,
Bob Braine, *Concrete Jungle*,
1993, particolare/detail,
elaborazione grafica/graphic
elaboration

Edizioni Charta
Via della Moscova, 27
20121 Milano
Tel. +39-2-6598098/6598200
Fax +39-2-6598577

Printed in Italy

Claudia Gian Ferrari Arte
Contemporanea
via Brera, 30
20121 Milano
Tel. +39-2-86461690
Fax +39-2-801019

Pollution

Claudia Gian Ferrari Arte
Contemporanea

Milano
22 gennaio - 28 febbraio 1998
January 22 - February 28, 1998

Sommario
Table of Contents

Ambiente e inquinamento

Buco dell'ozono, effetto serra, scioglimento dei ghiacciai, desertificazione, dissesti idrogeologici, innalzamento del livello dei mari. Uno scenario impressionante per il nuovo millennio.

D'altra parte il mondo è sempre più piccolo, più veloce, più ricco, più industrializzato, più confortevole e contemporaneamente, come se questo fosse l'inevitabile prezzo da pagare, più inquinato.

In questo secolo le grandi rivoluzioni scientifiche e meccaniche che hanno portato a condizioni di vita genericamente più soddisfacenti, allontanando sempre più gli antichi spettri delle carestie (perlomeno nella parte più sviluppata del globo), hanno, per contro, prodotto scarichi industriali, emissioni di anidride carbonica, scorie radioattive, veleni e rifiuti in quantità abnorme, in termini direttamente proporzionali agli standard di qualità di vita che le conquiste della scienza e della tecnica andavano raggiungendo.

La nostra è stata definita "la società dei consumi", e la parola "consumismo" è entrata nel vocabolario quotidiano, con valenze negative o positive, a seconda che di questo aspetto del comportamento si faccia un'analisi sociologica o commerciale. Si consuma di più, molto al di sopra di quelle che sono le reali necessità per la sopravvivenza, con sprechi di cibo, di oggetti, di materiali più diversi, che si accumulano per stratificazioni, con cicli vitali e di utilizzo brevissimi, ed aventi come destinazione, sempre più ravvicinata, le discariche. Ne consegue che queste ultime sono sempre più affollate, e lo smaltimento dei rifiuti è diventato un problema sul quale si sprecano discussioni e progettualità, scandali e movimenti di piazza. Nessuno vuole gli inceneritori vicino alle proprie case. Ma nessuno, peraltro, è disponibile a produrre meno rifiuti.

Saremo sommersi dall'immondizia, ancorché accumulata con la raccolta differenziata, avvelenati dai gas di scarico delle auto, ammorbati dalle esalazioni degli impianti industriali, ma saremo anche più ricchi, più emancipati, più veloci e più stressati.

A difesa dell'ambiente si creano associazioni e perfino

partiti politici con le sigle e i colori più vari; movimenti culturali, soprattutto legati alle nuove generazioni, promuovono discussioni e proposte, dibattiti e proclami allarmati, nella prospettiva di un futuro non troppo lontano, in cui il territorio, l'habitat nel quale viviamo sarà, sembra inevitabilmente, sempre più inquinato e degradato.

Fare di tutto ciò il tema di una mostra, senza intenti demagogici o velleità propositive, ha lo scopo di creare un collegamento con la realtà di tutti i giorni, con la quale l'artista si confronta e spesso si scontra, proponendo non certo ricette o soluzioni, ma le interpretazioni più diverse, a volte idilliache, a volte crude e violente, come se fossero due facce dialettiche di uno stesso problema.

Così per contrasto si affianca alla *Concrete Jungle* di Alexis Rockman, Mark Dion e Bob Braine, dove i gabbiani sono gli unici esseri viventi a godere dei rifiuti nella discarica, il mare della *Bay of Sagami* di Sugimoto, illuminato dal sole nascente, ma sul quale sembra che i gabbiani non volino più; o all'idilliaca immagine dell'uccello fra le canne di bambù, dalla serie *Sesto continente* di Alessandra Spranzi realizzata nella virtualità del Museo di Scienze Naturali, il dramma di una foca ricoperta e avvelenata dal petrolio di Tony Matelli; e ancora la tecnologia come fonte inevitabile e necessaria allo sviluppo, ma anche drammaticamente traditrice della forza vitale primigenia, evidenziata nella *maquette* di Dennis Oppenheim *Incubator with spinning trees*, o denunciata nella struttura lucida e agghiacciante della *Cella n.1*, la cella dei condannati a morte di Massimo Kaufmann; e poi l'ossessione ripetuta del barattolo vuoto negli *Alimentari* di Tony Cragg, cui fa da contraltare la lucidatrice ripresa da Paola Di Bello in una discarica e alla quale la fotografia restituisce la dignità dell'oggetto nella sua posizione eretta, capovolgendo il piano di appoggio, o meglio di abbandono; e i paesaggi virati di Luca Pancrazzi che si trasformano nel titolo in *Land Escape*, dove l'idea della fuga prende il sopravvento e diventa soggetto; mentre il cielo bello, solcato da nuvole chiare di Serse si definisce *Paesaggio adottivo*, specchiandosi in parte nel dittico di Mario Dellavedova *To keep the skies clear*, come desiderio, come aspirazione, come anelito a conservare o recuperare qualcosa che si sta perdendo, e non è retorica, forse per sempre. Il lavoro di Alberta Pellacani "Germinazione" si colloca in questo medesimo tentativo di recupero, ma con valenze positive, ottimistiche: nella grande coppa di ferro le piantine acquatiche continuano a riprodursi, malgrado tutto. Così come le gracili pianticelle di Lawrence Carroll si ergono offrendo i loro fiori di plastica come fossero veri o le zucche argentate ma con i segni del degrado di Luigi Carboni. Materiali riciclati, rimessi insieme con valenze diverse da quelle primigenie, costituiscono la struttura ironica e dissacrante di *Scene di caccia* di Enrica Borghi. Anche Ashley Bickerton usa diversi materiali avendo obiettivi provocatori nel suo *Mangrove Island Group*, ma nutre una maggiore attenzione verso l'aspetto tecnologico e scientifico. La visione di una città, fra i fumi delle ciminiere, dove si costruisce la bomba atomica, sovrastata dall'ombra scura di un paio di pantaloni: quelli di Caryl Davis, fotografa californiana che riprende i suoi soggetti attraverso l'arco delle proprie gambe, come un ponte, che chiude l'orizzonte visivo. È il proprio corpo, la propria definizione di persona che delimita il soggetto, la natura. Per Luigi Mainolfi le foglie, simbolo di una natura ancora intatta, diventano decorazione, fregio, che percorre all'infinito il bordo della stanza, quasi un *memento*, con la loro ruggine, di un lento autodivorarsi. Drammatico lo sguardo di Frank Moore e di Gregory Crewdson, l'uno nella sua *Nursery* raccoglie gli oggetti del dolore e della malattia, del degrado e della morte; l'altro rappresenta uno scorcio apparentemente idilliaco, popolato di grandi farfalle blu, fra frasche e muschio, da cui emerge poco per volta sempre più nitida l'immagine di una gamba umana putrefatta, con un contrasto violentissimo. Infine lo squallore dell'interno e dell'esterno della città tecnologicamente avanzata e, contemporaneamente, degradata: la fotografia di Tim Hailand di un atrio senza aria e senza luce, dal quale si vorrebbe fuggire, e sul terreno la scritta *Help*; quest'ultima si specchia per contrasto nella grande e incombente immagine di una raffineria di Joseph Stashkevetch, simbolo negativo, ma inevitabile, del progresso e dello sviluppo.

Claudia Gian Ferrari

Environment and pollution

The hole in the ozone layer, the greenhouse effect, the melting of glaciers, land becoming deserts, hydro-geological disorders, the rising sea level. A terrifying scenario for the coming millennium.

On the other hand the world is becoming smaller, faster, richer, more industrialized, more comfortable and, at the same time, as though this were the inevitable price to pay, more polluted.

In this century the great scientific and mechanical revolutions that have led to generally more satisfying living conditions and have held off the ancient phantom of famine (at least in the more emancipated part of the globe) have, on the other hand, produced industrial waste, the emission of carbon dioxide, radioactive fallout, poison and slag in abnormal quantities and in a directly proportional ratio to the living standards that scientific and technological conquests aimed at reaching.

Ours has been called a consumer society, and the word "consumerism" has become part of our daily vocabulary with negative or positive meanings according to whether or not a sociological or commercial analysis is made of such behavior. A lot is consumed, far more than the real needs for survival, and results in a waste of food, objects, and the most various materials which build up in strata with their own life cycles and brief periods of use and always with the approaching destiny of being discarded. The result is that tips are more full than ever and getting rid of rubbish is a problem on which words, planning, protests, and scandals are wasted. No one wants incinerators near to home. But no one is ready to produce less waste products.

We will be submerged in rubbish, even if carefully separated, poisoned by exhaust fumes, choked by industrial smog, but we will be richer, more emancipated, faster moving and more stressed.

In order to defend the environment we create associations and even political parties with the widest variety of names and colors. Cultural movements, above all those linked to the younger generation, promote discussions and proposals, debates and frightening slogans in the prospect of a not too distant future in which the territory, the habitat in which we live, will be, inevitably it seems, ever more polluted and degraded.

All this is to be the theme of a show, without demagogic intentions or any pretence of resolving things, which is part of a series relating to everyday reality. The artist confronts this theme or, at times, fights against it, though without proposing prescriptions or solutions but simply various interpretations: idyllic or raw and violent like the two sides of the same problem. So we will be contrasting *Concrete Jungle* by Alexis Rockman, Mark Dion, and Bob Braine in which the seagulls are the only living beings to enjoy the waste from outlet pipes, with *Bay of Sagami* by Sugimoto, lit by a rising sun but over which it seems seagulls no longer fly. Then there is the idyllic image of a bird amongst bamboo shoots from the series *Sesto continente* realized in the virtual environment of the Natural Science Museum by Alessandra Spranzi and the drama of a petrol-covered and poisoned seals in the image of Tony Matelli. Technology is to be seen once again as a necessary and inevitable source of development, as well as the dramatic betrayer of vital primary forces, in Dennis Oppenheim's *Incubator with Spinning Trees*, and is exposed in the clear and terrifying *Cella n.1*, the death cell by Massimo Kaufmann. And then there are the obsessively repeated empty cans of *Alimentari* by Tony Cragg to which there is opposed the polisher found in a tip by Paola Di Bello and to which photography once more gives back its dignity as an object through its erect position and the reversing of its state of abandonment. And there are the toned landscapes of Luca Pancrazzi which are transformed in their title as well, *Land Escape*, and in which the idea of escape becomes the subject; while the beautiful sky full of light clouds by Serse, called *Paesaggio adottivo*, is partly reflected in Mario Dellavedova's diptych *To Keep the Skies Clear* which is a kind of wish, an aspiration for the conservation and recuperation of something that is being lost, perhaps for ever. Alberta Pellacani's work "Germination" can be considered as a similar kind of attempt at recuperation, but positively, optimistically: in the great iron cup small water plants continue to reproduce despite everything. Just as the delicate plants of Lawrence Carroll rise up and display their plastic flowers as though they were real. And then there are Luigi Carboni's silver-coated pumpkins covered with the marks of decay. Recycled materials, put back together with valences different to their original ones make up the ironic and desecrating structure of Enrica Borghi's *Scene di caccia*. Ashley Bickerton too uses materials with provocative aims in his *Mangrove Island Group*, but he gives greater attention to the scientific and technological aspects. The vision of a city wrapped in the smoke from chimneys where the atomic bomb is being constructed is overshadowed by a pair of trousers: those of Caryl Davis, a Californian photographer, who shoots her subjects from between her legs, like a bridge that closes off the visual horizon. It is her own body, her own defined personality, that delimits the subject, the nature. For Luigi Mainolfi, leaves, symbol of uncontaminated nature, become decoration, borders, that continue to run around the edge of a room almost as a reminder of their slow self-destruction. The view of Frank Moore and Gregory Crewdson is dramatic; the first, in his *Nursery*, collects together objects linked to pain and illness, to degradation and death. The second shows an apparently idyllic scene full of big blue butterflies among branches and moss and from which there emerges with ever greater clarity the image of a putrefying human leg creating a violent contrast. And, finally, the squalor of the interiors and exteriors of the technologically advanced yet degraded city: the photos of Tim Hailand show a hall without air or light from which one wants to flee and on the ground of which is written *Help*. This is contrasted and mirrored in the huge and overwhelming image of a refinery by Joseph Stashkevetch, a negative but inevitable symbol of progress and development.

Vedere sporco e non sentire male

In un incidente d'auto un pittore americano picchia la testa contro il lunotto anteriore della sua vettura. Niente di grave. Il giorno dopo e i giorni successivi, sempre più precisamente, l'uomo – un certo Signor I. – si accorge con sgomento di non vedere più i colori. Tutto il mondo improvvisamente è divenuto privo di stimoli cromatici. Non si può dire che sia un mondo tutto grigio, sebbene questa fosse l'unica parola certa per esprimere qualcosa di inconcepibile e inammissibile. Anche il grigio è un colore, ma un colore morto, un colore che non si può vivere. Il pittore I. ora non può vedere che i contorni di una luce che va e viene. Partendo da un'assenza (il nero universale) si va verso una concentrazione accecante (il bianco solare) indistintamente, in ogni caso una luce incolore, una luce incompleta veste il mondo di sporco. L'esperienza rientra nella categoria di ciò che non è esattamente trasmissibile né comunicabile, una tortura molto interiore e quasi una morte *che si vive* rispetto al più bel mistero degli umani, il loro modo di vedere. Possiamo solo lontanamente cercare di capire come ci si senta al suo posto. Il Signor I. inizia a muoversi in una specie di nebbia che sale e scende indipendentemente da come si muove, alzando le scarpe per non pestare qualcosa di marcio. L'aspetto delle cose anche più familiari è cambiato ed è diventato quasi ostile, i contorni delle cose sono più vaghi e mutevoli ma questa incertezza rende ogni scoperta visiva sempre più spiacevole. Qualsiasi cosa diventava sbagliata, innaturale ma più che altro macchiata, impura. Non riusciva a sopportare le mutate sembianze degli altri e in particolare la sua propria immagine quando si avvicinava allo specchio, comunque avvolto in una cortina di fumo. Questo stato lo portava a evitare ogni relazione sociale e trovava impossibile ogni rapporto sessuale. La televisione a colori diventava un mostro insopportabile.

Vedeva l'incarnato delle persone che gli stavano intorno, compreso quello di sua moglie e il suo proprio, di un grigiore orrendo. Il color carne gli appariva nelle sue sfumature come una carta imbrattata o una biancheria logora e macerata da uno sporco disumano. Il cibo era spazzatura. Dopo un lungo digiuno che lo portò quasi alla consunzione fisica il pittore I. si arrese a mangiare a occhi chiusi, perché il piacere della vista di un piatto gustoso era perso e in più la consistenza e la materia cotta o cruda del cibo gli sembrava una diversa macinazione di lordure. In lui per fortuna persisteva una certa memoria del colore e questo in uno stato di assenza, di sopore e di distacco assoluto dal mondo gli procurava un piacevole senso di ricongiunzione alle figure familiari dei suoi fantasmi. Nel suo cervello e non nei suoi occhi era però accaduto qualcosa di molto grave. Egli aveva perso la conoscenza del colore pur rimanendogli la coscienza (fin quasi ossessiva) che il colore fosse tutto della visione, alla quale voleva perfino rinunciare, quasi arrivando al suicidio, piuttosto che sopravvivere in quell'orrendo pantano.

Il fatto è che il governo della vista e di quella fin troppo umana dei colori è fatto da diversi passaggi, dai puri stimoli ottici fino ai livelli superiori della mente. C'è un primo livello, semplificando, che chiamiamo *V1* e che traduce gli stimoli cromatici in lunghezze d'onda: queste lunghezze d'onda dovranno passare attraverso sottili distillati chimici fino a un centro *V4*, un'area cerebrale grossa quanto un fagiolo che sta nella zona occipitale e trasforma le cosiddette lunghezze d'onda in colori. Lì vicino sta un altro piccolo centro che elabora la sensazione del movimento. Con la paralisi di questo avremmo la sensazione – stando in mezzo a una folla che cammina – di persone singole che si spostano ora qua ora là sparendo e riapparendo. Ancora, in mezzo a un gruppo che balla in una danza ritmica ci prende il terrore di vederci la gente addosso, non riuscendo a capire dove il movimento comincia e dove finisce. Ogni cosa diventerebbe impossibile, anche versarsi una tazza di tè, perché non si riuscirebbe a distinguere il livello del vuoto e del pieno.

Il Signor I. era vittima di un disfacimento forse raro ma non impossibile, come se una sfera d'acciaio piccolissima avesse per sempre sbilanciato gli umori interni del suo fagiolo chiamato *V4*. Egli aveva però la sede *V1* perfettamente funzionante, solo che la sua esperienza visiva lo sconsigliava di continuare a servirsi *solo* della prima avendo sperimentato anche la seconda. La sede *V1* era quella veramente *necessaria* alla vista e forse a comportamenti umani di pura sopravvivenza, diversamente la sede *V4* era una sorta di raffinamento evolutivo poco diffuso fra animali simili all'uomo e non del tutto necessario alla vita. Forse necessarissimo alla vita di un tempo, in una svolta evolutiva strategica – vedere il colore come vedere la maturazione dei frutti – ma rimasto ormai come un pendulo accessorio in forma di amuleto dal quale non ci si può staccare se non alla sua consumazione.

Il solo pensiero di perdere per sempre il piccolo mondo dei colori avrebbe fatto impazzire per sempre Tiziano o Cézanne mentre dopo un po' di tempo il nostro pittore – non penso per la pubblicità di questa mutilazione che lo rese immediatamente famoso nel mondo delle immagini – rincominciò a dipingere in bianco e nero ma in forma astratta. Le sue tele prima erano figurative ora apparivano vuote con qualche folgorazione cromatica, come un flusso di frammenti pazientemente ricomposti, ma con la bravura un po' misera di un rammendo inesperto. Rispetto ai quadri di prima tutti avevano pensato ad una profonda evoluzione artistica. Ma la cosa più curiosa era che nonostante I. fosse diventato padrone, dico padrone, di qualcosa di veramente deficitario, ma unico al mondo, nonostante egli fosse arrivato in una passeggiata eroica a camminare su quel mondo di detriti ma tanto bollente di ceneri, tra i quadri del prima e i quadri del dopo c'era in fondo la stessa vacuità un po' pretenziosa, la stessa maniera primitiva e atona di concepire la pittura con lo stesso abito uniforme e ripulito calato sopra un orizzonte giallastro.

La stessa alba millenaria della fine dell'era atomica con i suoi spegnimenti e accecamenti di cui il Signor I. era un testimone dolorosamente cosciente, diventava nei suoi tentativi *un'alba informe* dalle suggestioni non meno soporifere di una mucca al pascolo. Ora il pittore non vede più i colori – non so se sia necessario in questo momento vederli come ali virtuali e fuggitive di diavoli dannati – ma non vede nemmeno la spiaggia orrendamente sporca di carogne e di vesciche oleose, per fermarsi un po' con la testa fra le mani. Spero non abbia fretta di stendere l'ennesima lapide sulla *tabula rasa* del nostro tempo che sarebbe anche la sua.

Venezia, 21 novembre 1997, festa di Santa Maria della Salute

Questa favola vera è stata presa forse troppo liberamente dal libro di Oliver Sacks, *An Anthropologist on Mars. Seven Parodoxical Tales*, trad. it. a cura di Isabella Blum, Adelphi, Milano 1995 e trattata alla maniera di Paul Auster, *The New York Trilogy: City of Glass, Ghosts, The Locked Room*, trad. it. a cura di Massimo Bocciola, Einaudi, Torino 1966.

Manlio Brusatin

Seeing dirty without feeling ill

In a road accident an American painter hit his head against the rear window of his car. Nothing very serious. But the day after, and the day after that the man – a certain Mr. I. – became ever more worryingly aware that he could not make out colors. Suddenly the world had been deprived of chromatic stimuli. It would not be correct to say it had become grey, even though this is the only word we have to try to express something inconceivable and inadmissible. Grey too is a color but a dead color, a color that cannot be lived by. And now painter I. can only see the outlines of a light that comes and goes. It begins with an absence (universal black) and arrives at a blinding concentration (solar white) without distinctions. In any case it is a colorless light: the world is illuminated by a dirty, incomplete light. This experience comes within the category of what is not exactly transmittable or communicable, a completely interior torture, almost a death *that is lived* with respect to the most beautiful of human mysteries, that of man's way of seeing. We can only try to imagine just what we would feel like in his place. Mr. I. begins to move in kind of fog that rises and falls independently of how he moves, carefully lifting his shoes so as not to tread in something rotten. The look of even the most familiar things has become hostile, their outlines have become more vague and nebulous, but this very uncertainty makes every visual discovery more unpleasant. Everything is mistaken, unnatural, but more than anything else, dirtied, impure. He could not manage to accept the changed appearance of others and, in particular, of his own image when he found himself in front of a mirror which, anyway, seemed wrapped in a curtain of smoke. This state led him to avoid all social relationships and he found sexual relations impossible. Color television became an unbearable monster.

He saw the flesh of those near to him, his own and his wife's included, as a horrible grey. Flesh color was seen in its various gradations like dirty paper, or like underwear that has been worn and stained by some inhuman filth. Food was rubbish. After a long fast that brought him to the brink of physical destruction, the painter I. gave in, yet only managed to eat with his eyes closed because the visual pleasure of a tasty meal was ruined and, moreover, the consistency and the texture of either cooked or raw food seemed to him to be just various kinds of filth. Happily for him, there persisted a vague memory of color and this, in a state of absence, of sloth, and of complete detachment from the world, allowed him a pleasant sense of recognition of the familiar forms of his phantoms. However, in his brain, and not in his eyes, something extraordinarily serious had occurred. He had lost awareness of color even while being aware (even obsessively so) that color was a matter of vision which he would even give up, even arrive at the point of killing himself, rather than continue living in such an appalling mess.

The fact is that the control of sight and of the all-too human vision of color is made up of various stages, from the simplest optical stimuli to the upper levels of the mind. To simplify, there is an upper level which is called *V1* and which translates chromatic stimuli into wavelengths. The wavelengths must pass through various subtle chemical distillations until they reach the *V4* centre, an area of the brain no larger than a bean which is located in the occipital zone and which transforms so-called wavelengths into colors. Nearby there is another little centre which elaborates the sensation of movement. If this is paralyzed we will have the sensation – if we stand in the middle of a crowd in movement – of individual people who move now here, now there, appearing and disappearing. Further, in the midst of a group dancing rhythmically we will be overcome with the terror of being crashed into, being unable to understand where movement begins and where it ends. Everything becomes impossible, even pouring a cup of tea because it is not possible to distinguish between a full and an empty cup.

Mr. I. was the victim of a rare but not impossible disaster, as though a tiny steel sphere had upset for ever the internal moods of that bean called *V4*. However, he had the *V1* centre perfectly in order except that his visual experience warned him not to continue using only the former having experimented with the latter. The *V1* centre really was necessary to vision and perhaps to human behavior related to sheer survival. Differently, the *V4* centre was only a kind of evolutionary refinement not widely diffused among other animals similar to man and not wholly necessary to life. Perhaps it was necessary to life once at some point in evolution – to see color so as to see the ripening of fruit – but by now it has become an unnecessary appendage like a kind of amulet which cannot be taken off without ruining it.

Just the thought of losing for ever the little world of colors would have made Titian or Cézanne go permanently mad, but after a time our painter – though not, I believe, as a result of the publicity he received due to his mutilation and which made him famous in the world of images – began to paint again in black and white but abstractly. His first canvases had been figurative, but now they became empty as though the result of some chromatic lightening strike or like a mass of fragments carefully put back together but with the sad expertise of a bad restorer. Everyone assumed there would be a deep artistic evolution with respect to the earlier paintings. But the strangest thing was that, despite I. having become the master, and I mean the master, of something really deficient but quite unique, despite his heroically walking through a world of rubbish while burning with ashes, both in the earlier and the later paintings there was much the same pretentious emptiness, the same primitive and dull manner of treating painting as a uniform and cleaned up dress draped over a yellowish horizon.

The same millennial dawn of the atomic age with its flashes and blackouts of which Mr. I. was a sadly conscious witness, became in his work *a uniform dawn* with all the excitement of a cow grazing in a field. Now the painter no longer sees colors – I do not know if it is necessary for the time being to see them as the virtual and fleeting wings of a devil – but nor does he see that beach horribly dirtied with carcasses and running sores which ought to be enough to make him bury his face in his hands. I hope he is not in too much of a hurry to put up the latest gravestone on the *tabula rasa* of our times, which are also his.

Venice, November 21st 1997, the festival of Santa Maria della Salute

This true story has been adapted, perhaps too freely, from the book by Oliver Sacks, *An Anthropologist on Mars: Seven Paradoxical Tales*, read in the Italian translation by Isabella Blum, Adelphi, Milan, 1995, and treated in the manner of Paul Auster in *The New York Trilogy: City of Glass, Ghosts, The Locked Room*, Italian translation by Massimo Bocchiola, Einaudi, Turin, 1996.

Opere / Works

Ashley Bickerton
È nato nel/He was born in 1959
a/at West in Dies (Barbados)
Vive e lavora a/He lives and
works in Bali e/and New York

Mangrove Island Group, 1993
Materiali vari/Various materials
269x108x62 cm

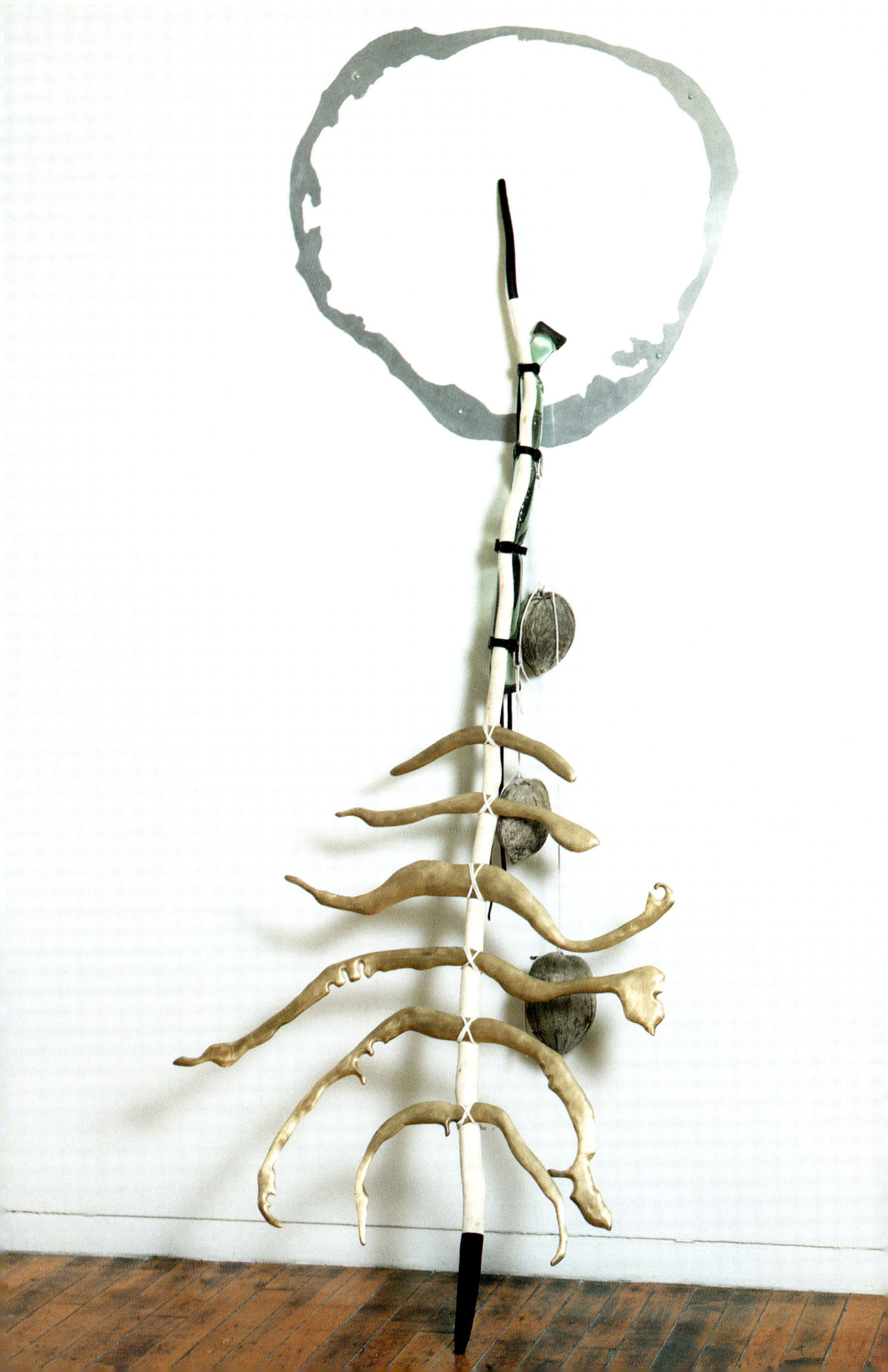

Enrica Borghi
È nata nel/She was born in 1966
a/at Premosello (No)
Vive e lavora a/She lives and
works in Novara

Scene di caccia, 1997
Scatole di latta e pelliccia
riciclata/Tin boxes and recycled
fur coat
80x23 cm
Photo M. Finotti

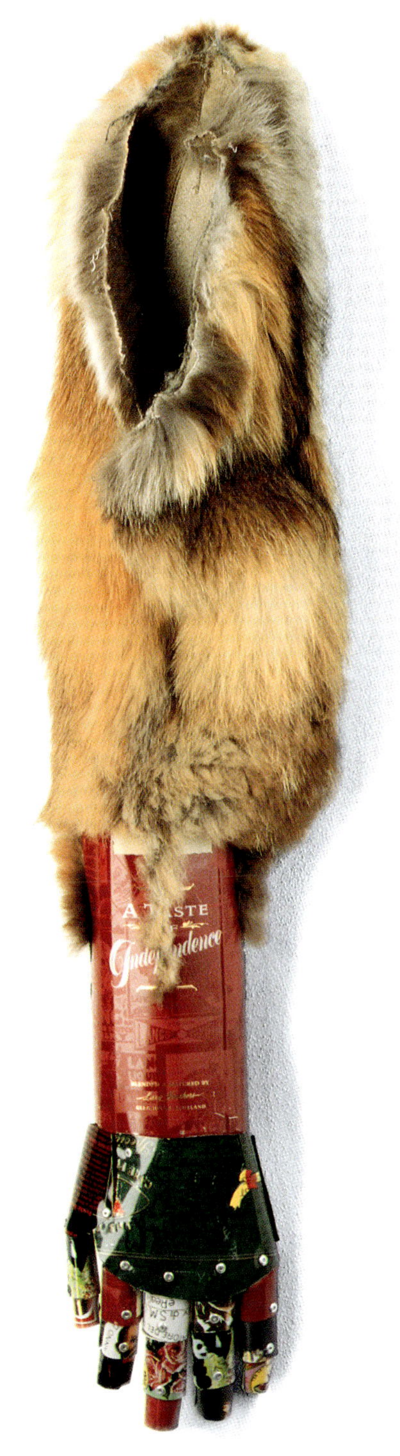

Luigi Carboni
È nato nel/He was born in 1957
a/in Pesaro
Vive e lavora a/He lives and
works in Pesaro

I canti durevoli, 1996
Ceramica di Faenza/Faience
pottery
Dimensioni variabili/Variable
dimensions

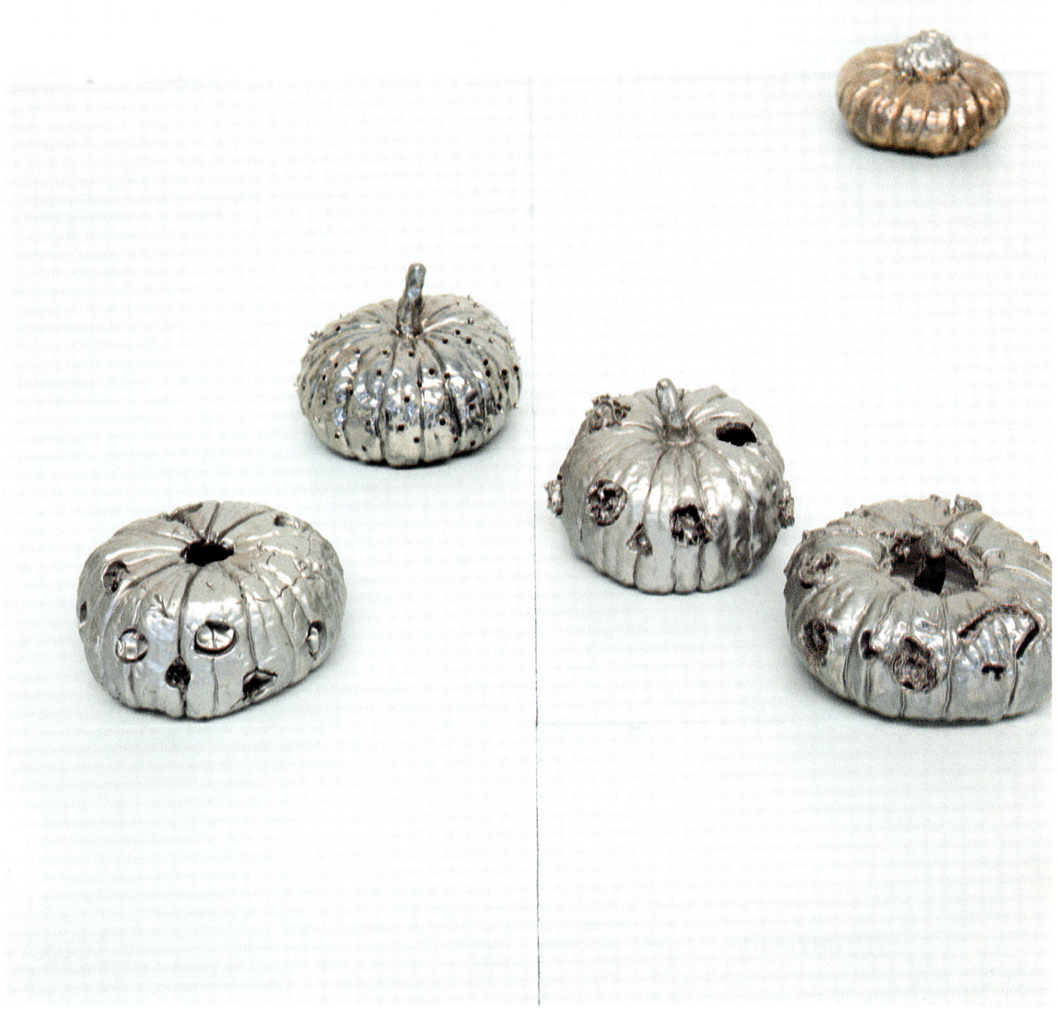

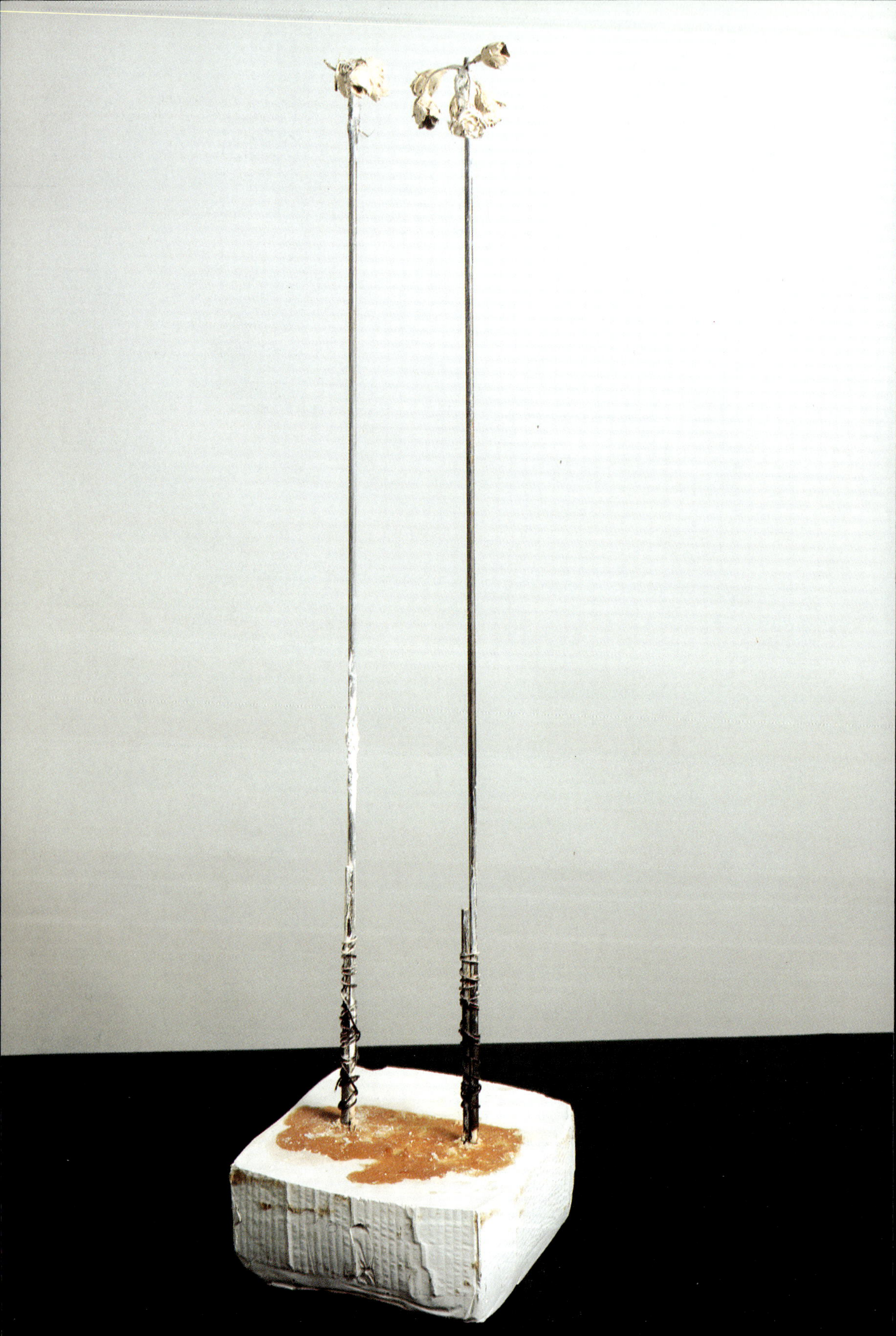

Lawrence Carroll
È nato nel/He was born in 1954 a/in
Melbourne
Vive e lavora a/He lives and works in
Los Angeles

Senza titolo, 1996-97
Gesso, metallo e fiori di
plastica/Plaster, metal and plastic
flowers
92,5x23x23 cm
Photo Michele Rubicondo

Tony Cragg
È nato nel/He was born in 1949
a/in Liverpool
Vive e lavora a/He lives and
works in Düsseldorf

Alimentari, 1990
Barattoli di vetro/Glass pots
180x90x70 cm
Photo Enzo Ricci

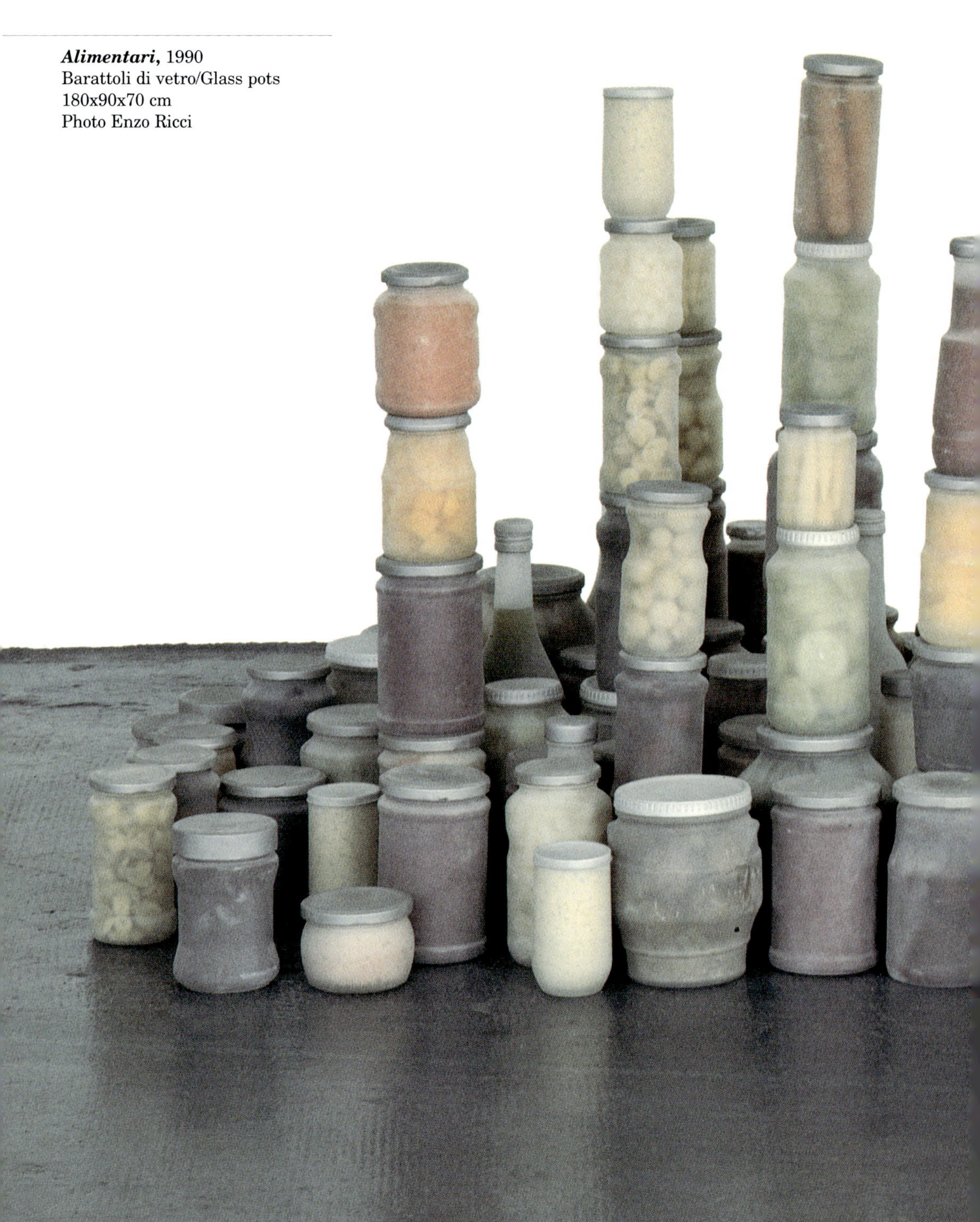

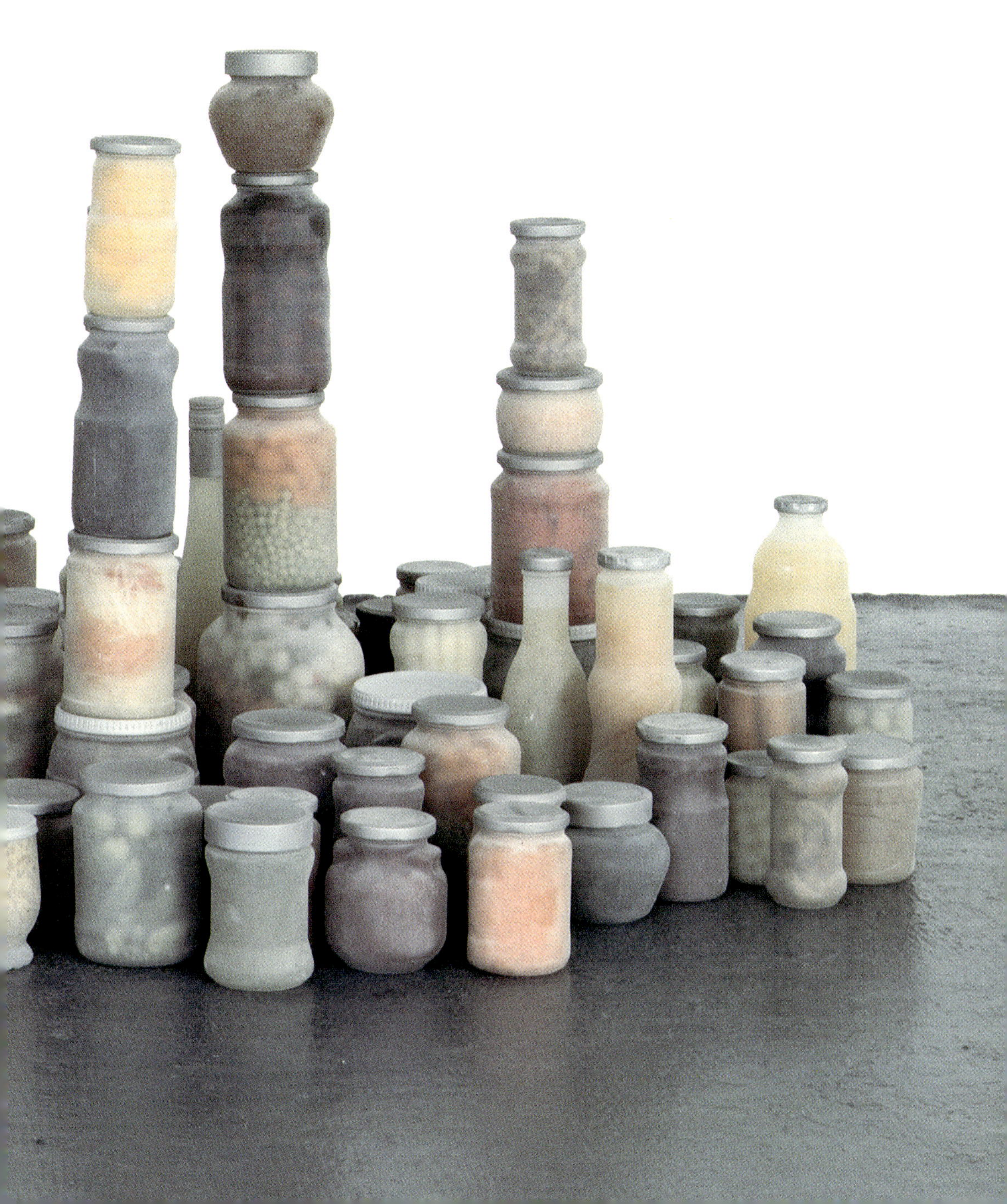

Gregory Crewdson
È nato nel/He was born in 1962
a/at Brooklyn (New York)
Vive e lavora a/He lives and
works a/at Brooklyn (New York)

Untitled, 1997
Fotografia a colori/Color
photograph, ed. 6/6
102x127 cm

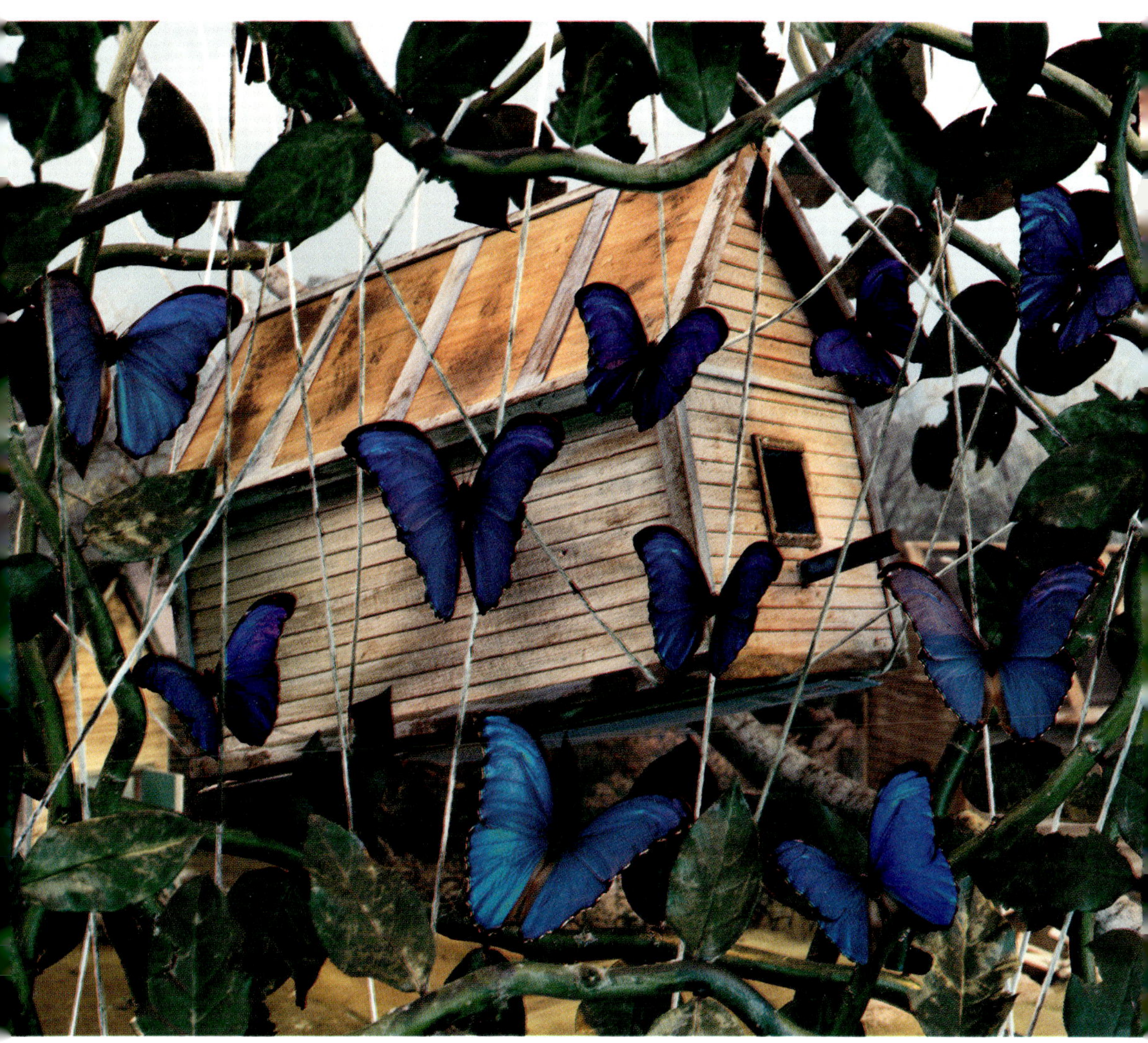

Caryl Davis
È nata nel/She was born in 1958
a/at Schenectady (New York)
Vive e lavora a/She lives and
works in Venice (California)

Past pants (n.28), 1995
Foto a colori su alluminio/Color
photograph on aluminium
23x33 cm

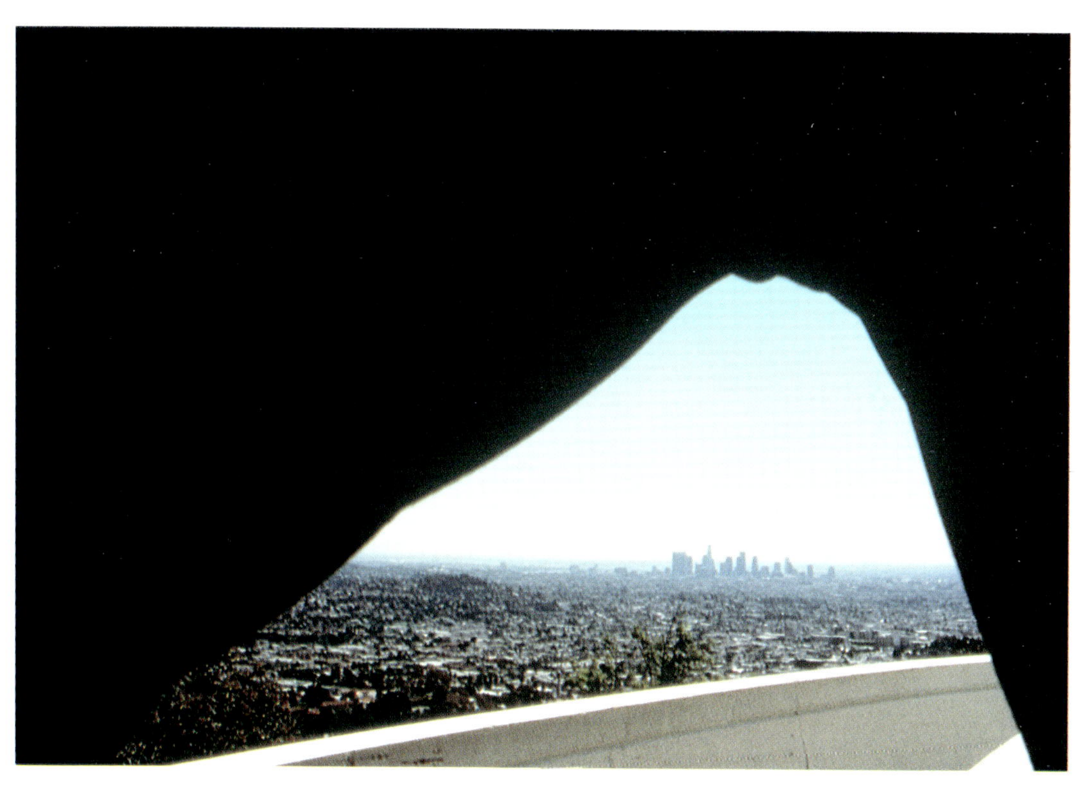

Mario Dellavedova
È nato nel/He was born in 1958
a/at Legnano (Mi)
Vive e lavora tra/He lives and
works between Villastanza (Mi)
e/and Taxco (Mexico)

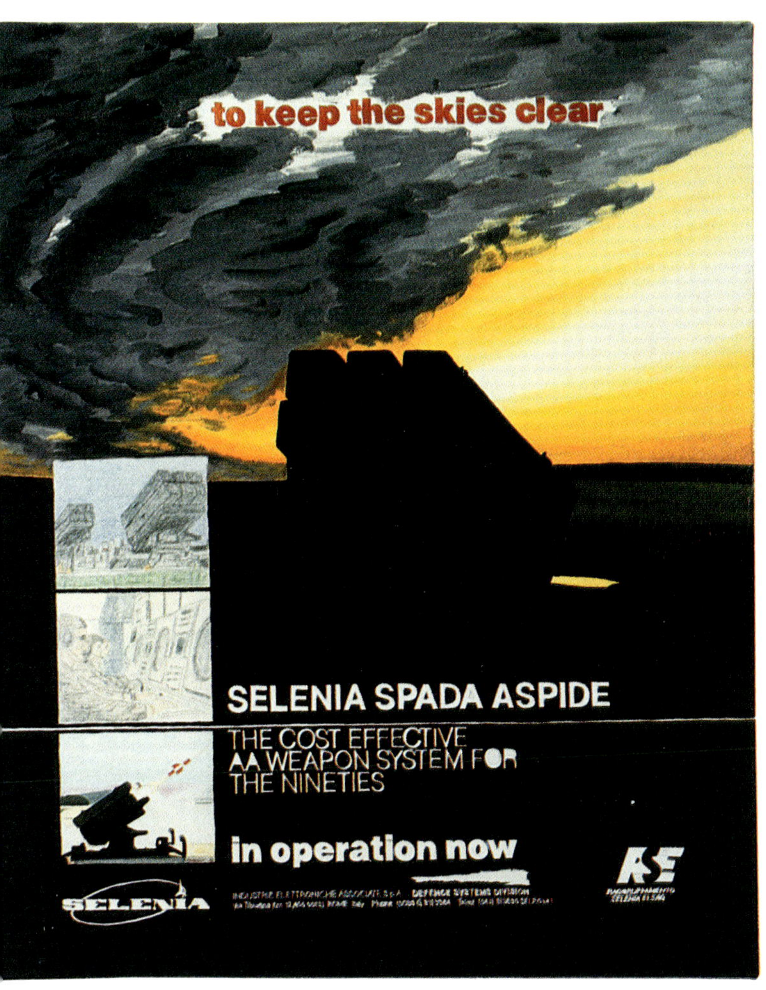

To Keep the Skies Clear, 1987
Dittico/Diptych
Olio e pastello su tela e poster/Oil
and pastel on canvas and poster
60x50 cm; 61x72 cm
Photo Fabio Luisetti

Paola Di Bello
È nata nel/She was born in 1961
a/in Napoli
Vive e lavora a/She lives and
works in Milano

Cose, 1996-97
Fotografia a colori/Color
photograph
100x67 cm

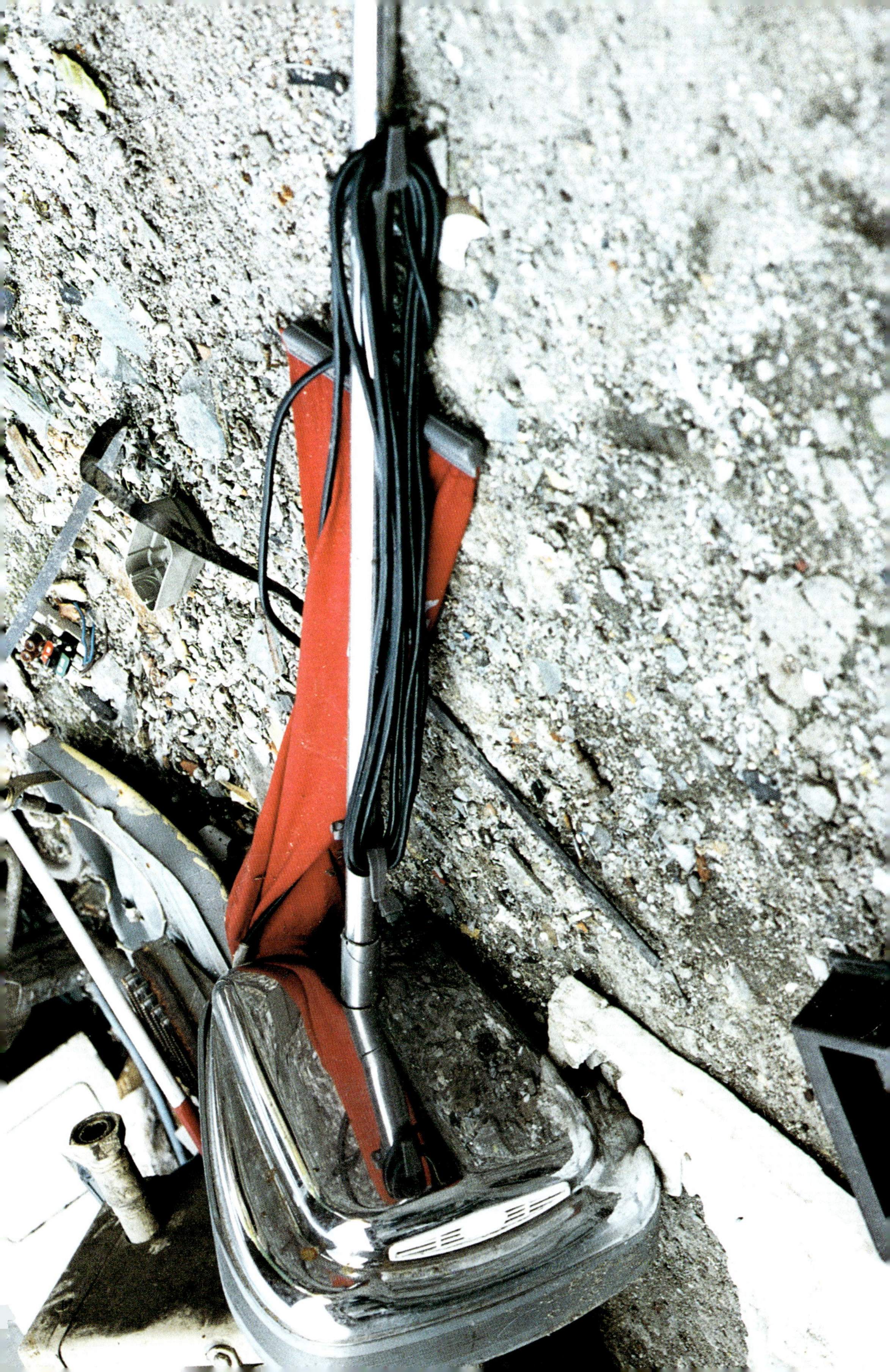

Andreas Gursky
È nato nel/He was born in 1955
a/in Lipsia
Vive e lavora a/He lives and
works in Düsseldorf

Happy Valley I, 1996
Fotografia a colori/Color
photograph
220x179 cm

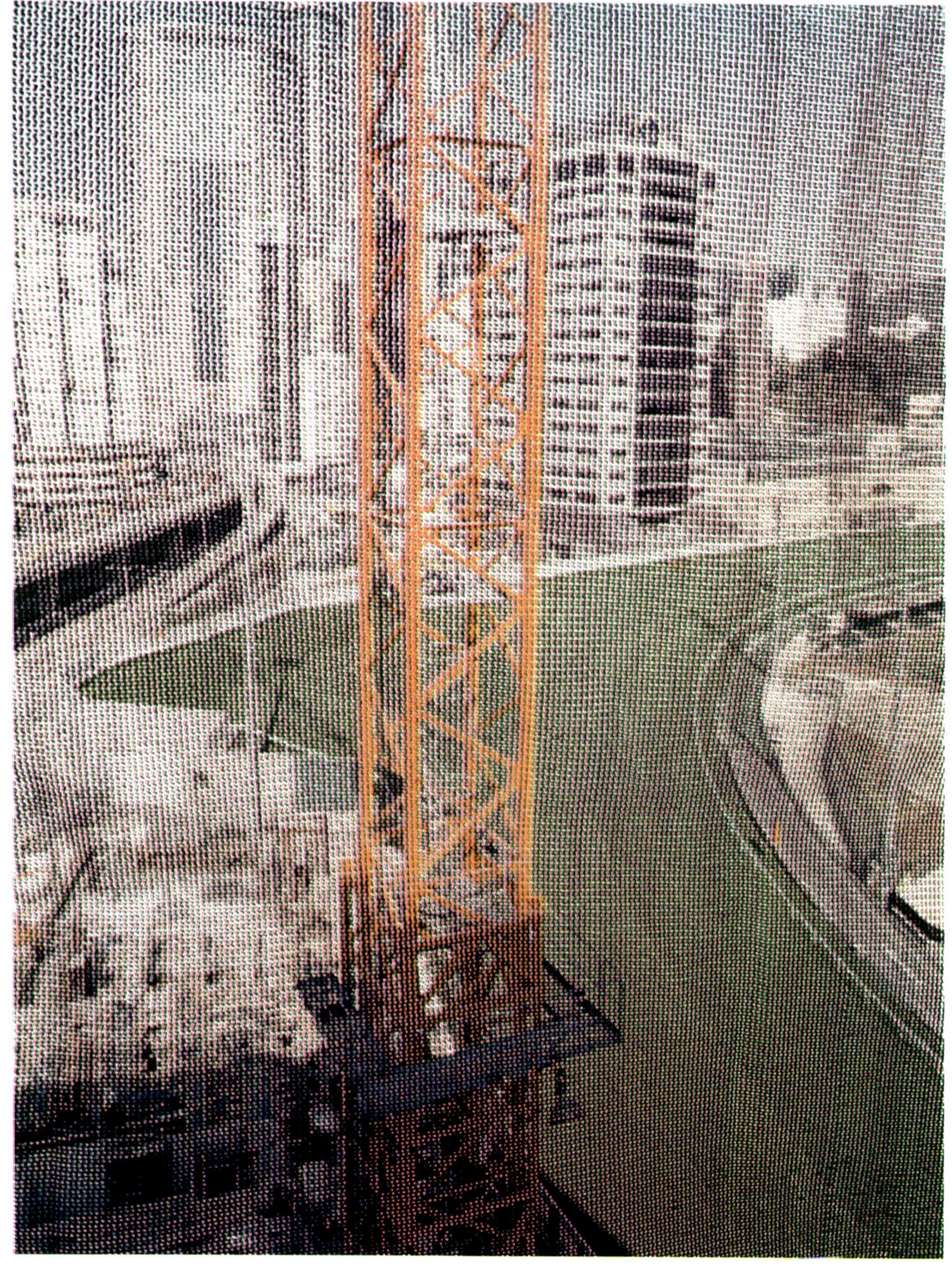

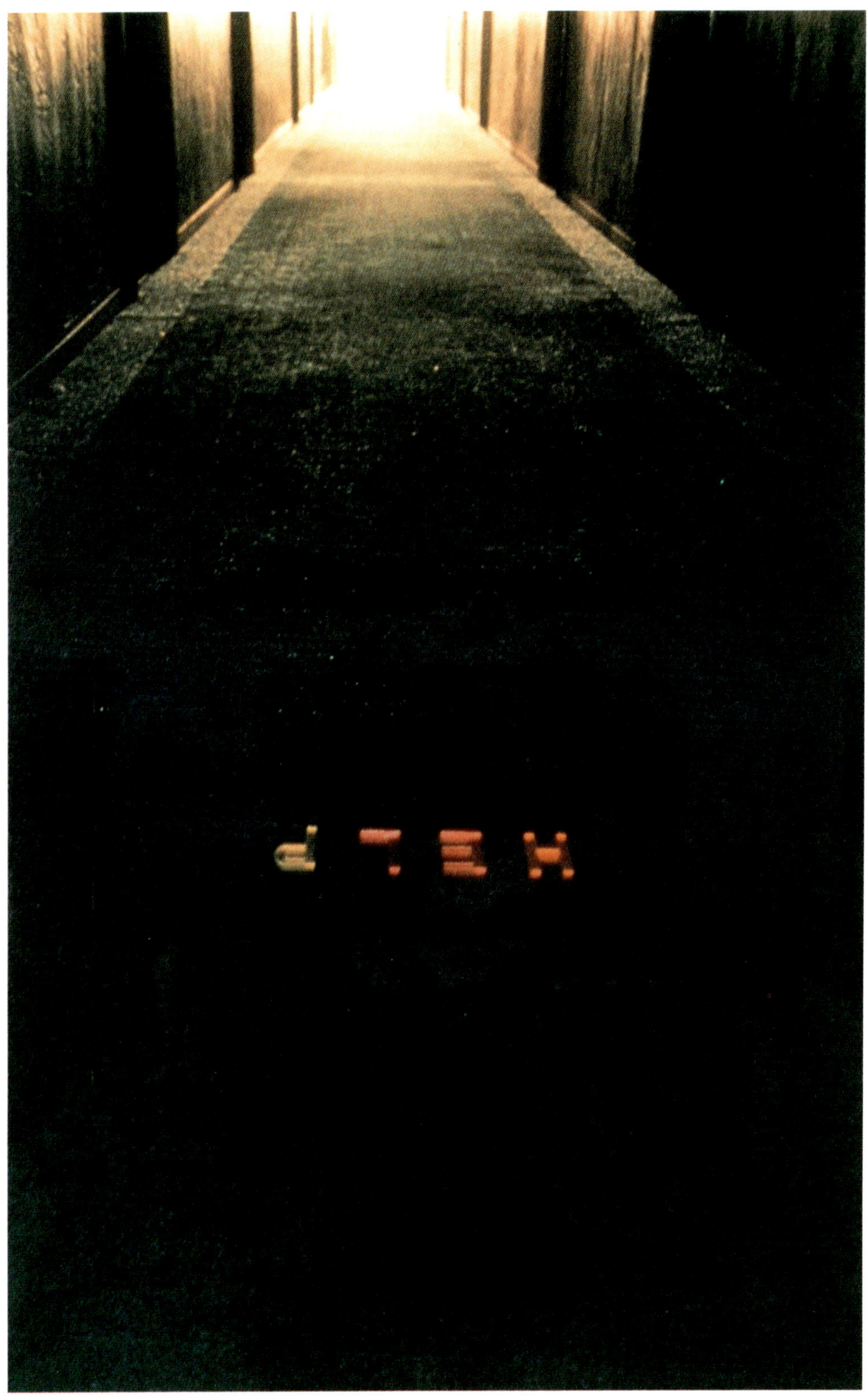
HELP

Tim Hailand
È nato nel/He was born in 1965
a/in Buffalo (New York)
Vive e lavora a/He lives and
works in New York

Untitled (Help), 1997
Fotografia a colori/Color
photograph, ed.1/5
76,2x50,8 cm

Massimo Kaufmann
È nato nel/He was born in 1963
a/in Milano
Vive e lavora a/He lives and
works in Milano

48

Cella n° 1, 1997
Rame/Copper
62x84x51 cm

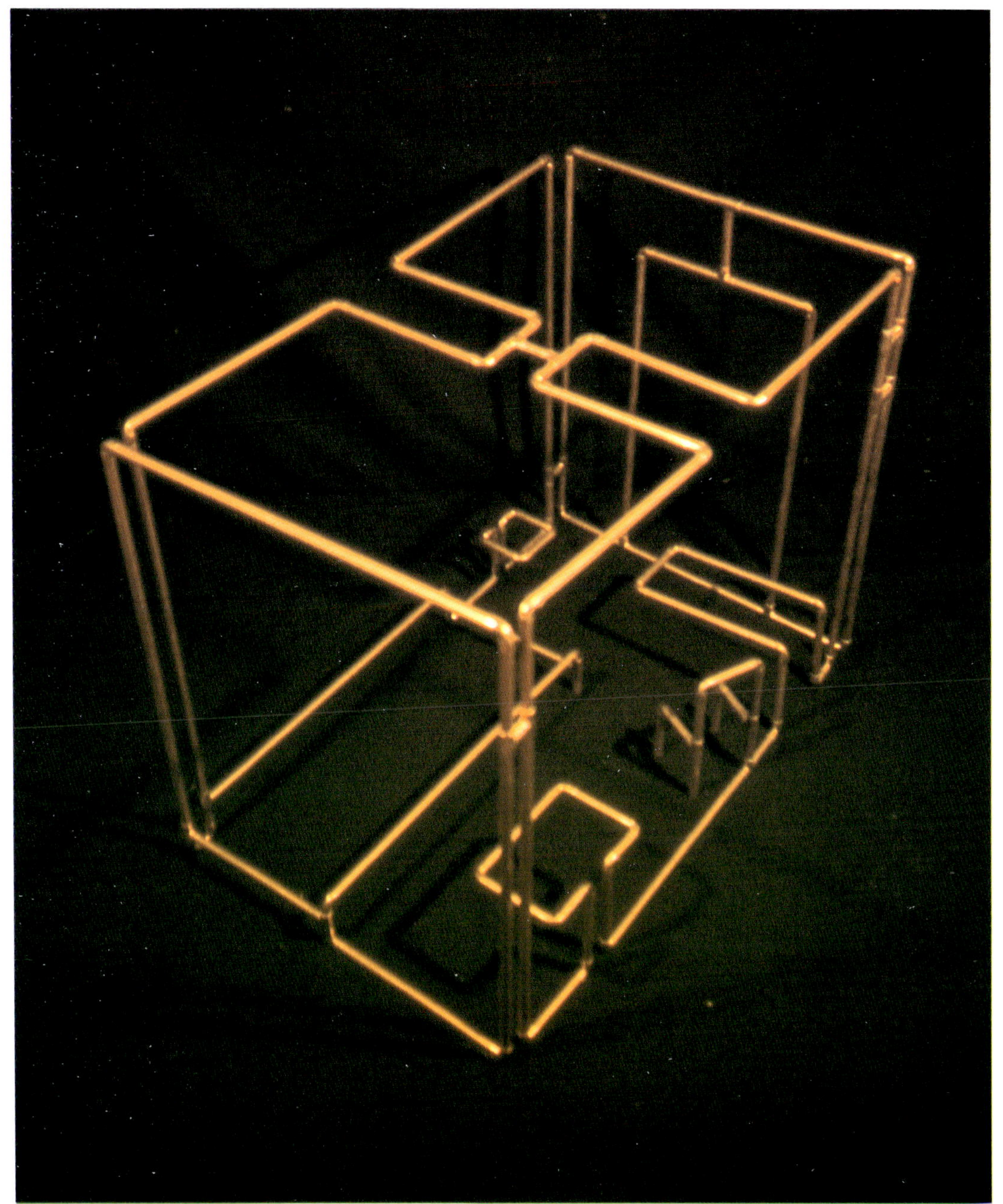

Luigi Mainolfi
È nato nel/He was born in 1948
a/at Rotondi (Av)
Vive e lavora a/He lives and
works in Torino

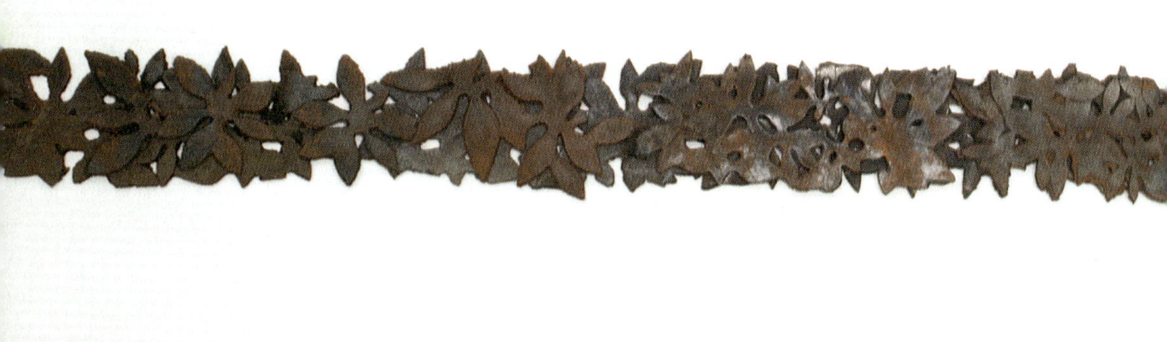

Inferriata, 1997
Ghisa/Cast iron
dimensioni variabili/variable
dimensions
Photo Enzo Ricci

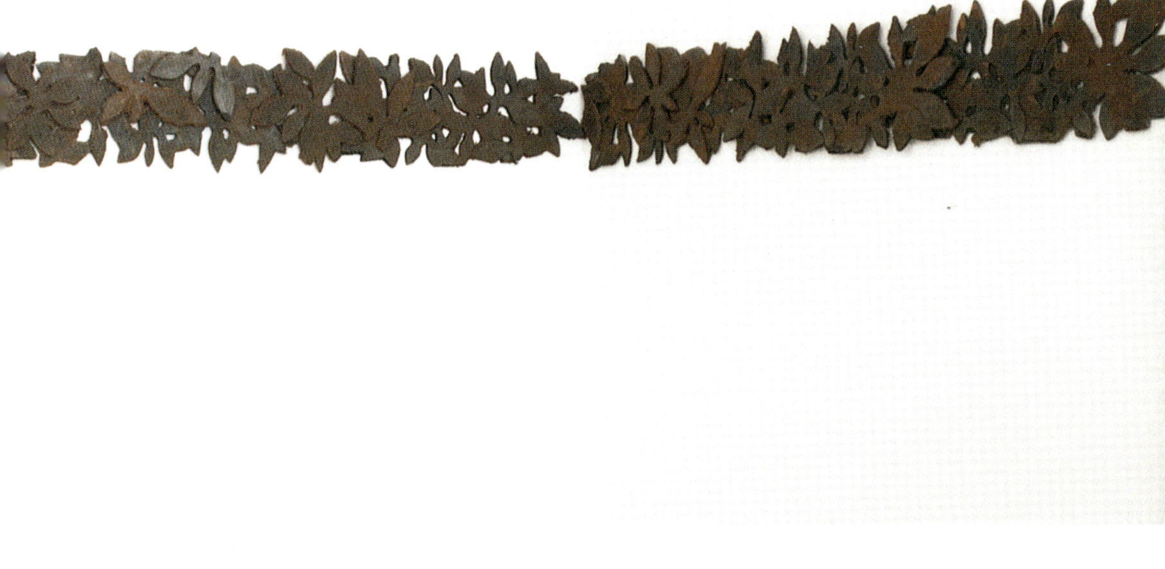

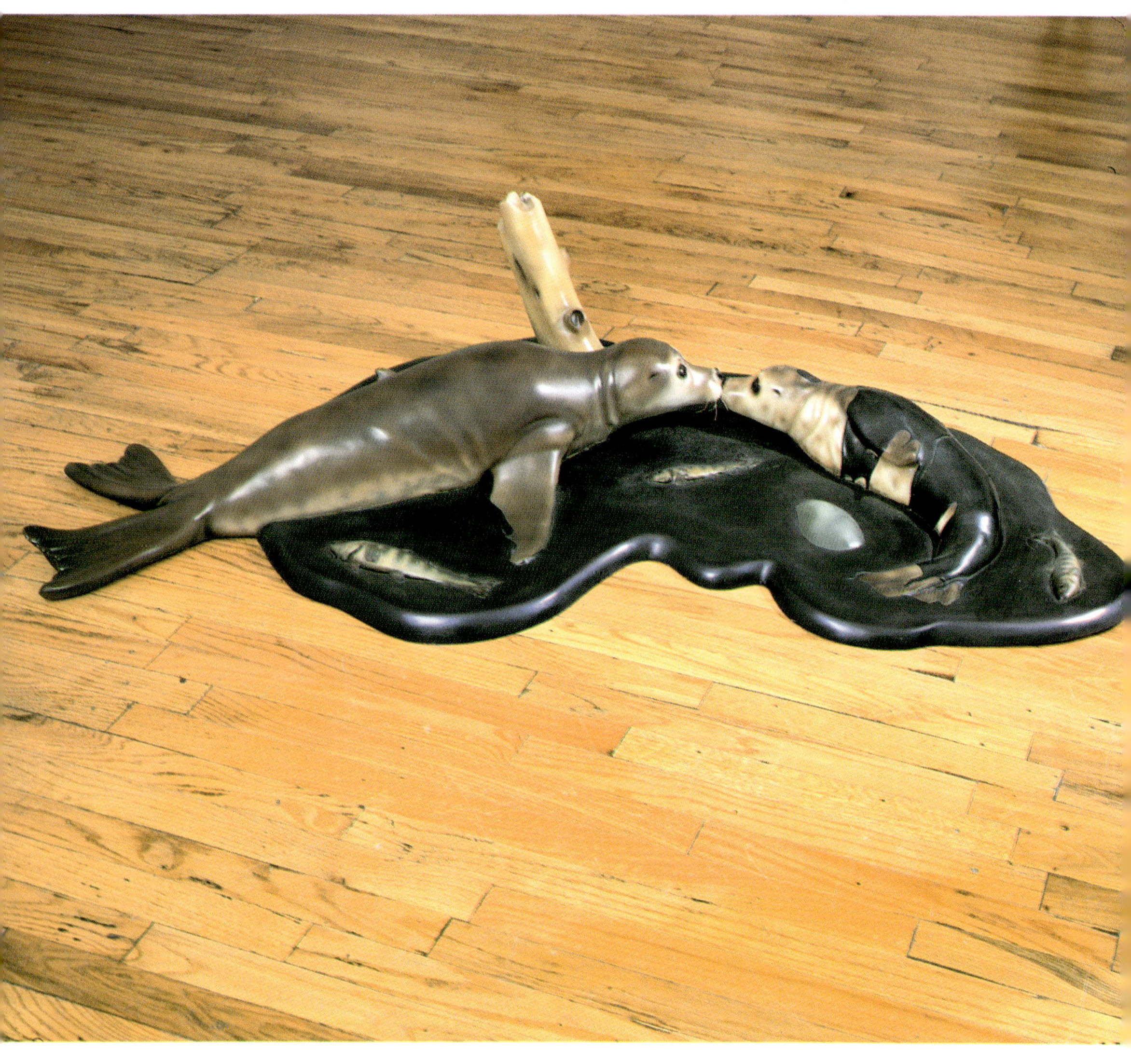

Tony Matelli
È nato nel/He was born in 1971
a/in Chicago
Vive e lavora a/He lives and
works in New York

Seals, 1995
Resina e colore/Resin and color,
ed.2/3
30,5x152,4x89 cm

Frank Moore
È nato nel/He was born in 1953
a/in New York
Vive e lavora a/He lives and
works in New York

Nursery, 1994
Olio su tela su legno con
cornice/Oil on canvas on framed
wood
73,6x134,6x4,76 cm

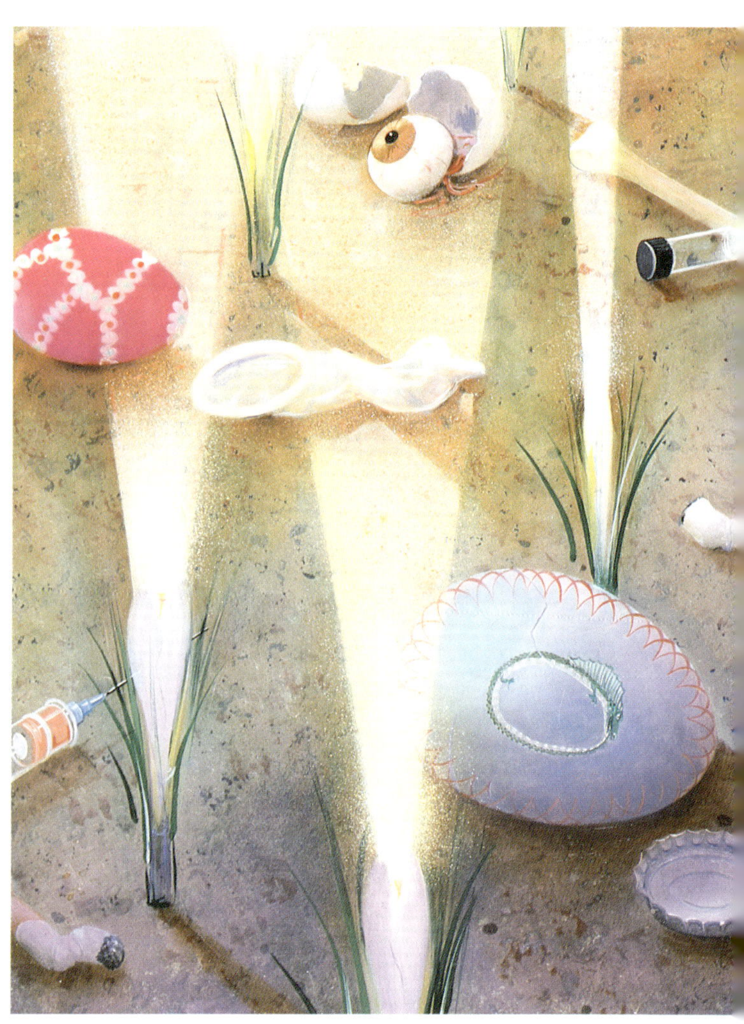

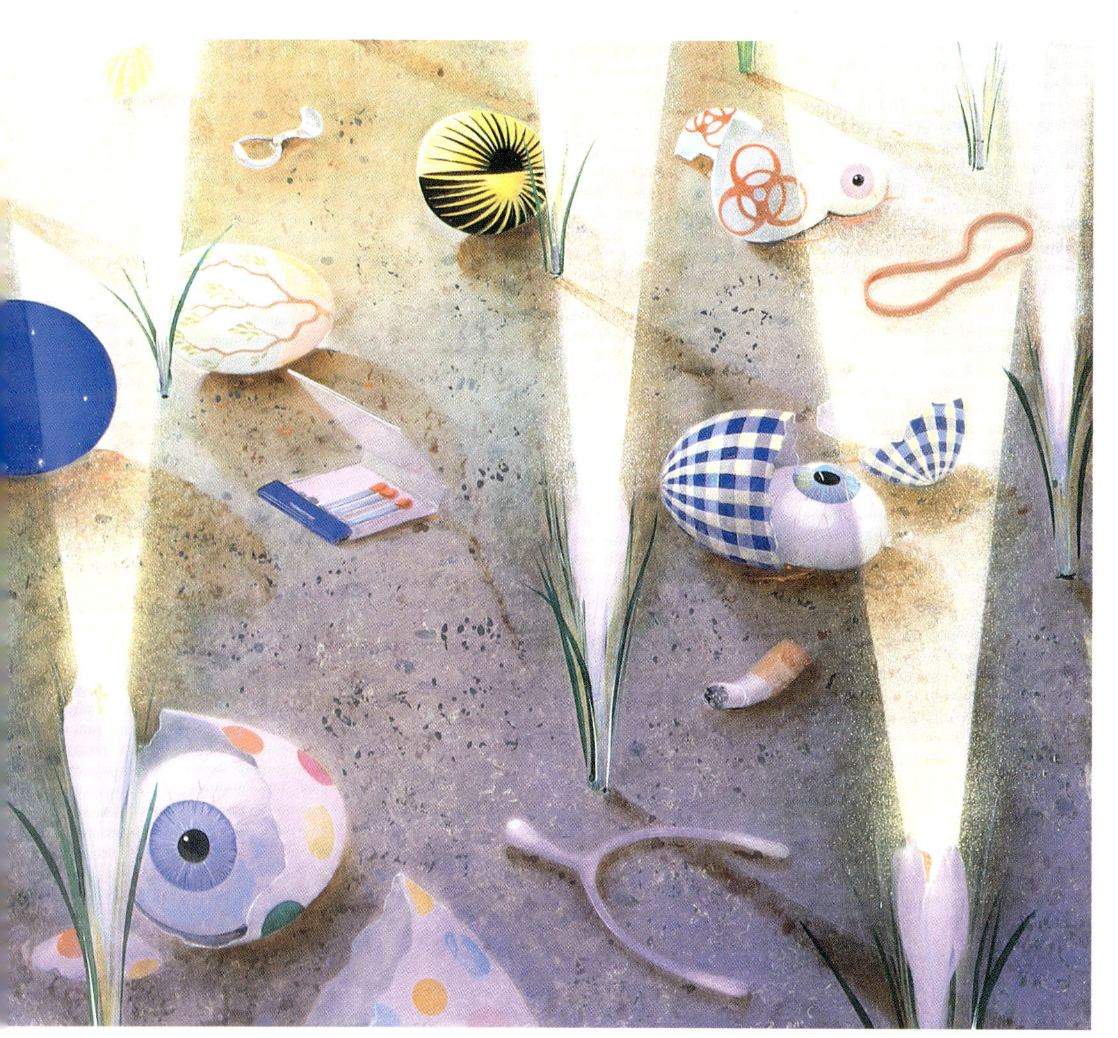

Dennis Oppenheim
È nato nel/He was born in 1938
a/at Electric City (Washington)
Vive e lavora a/He lives and
works in New York

*Incubator with Spinning
Trees*, 1995
Materiali vari/Various materials
100x100x100 cm
Photo Drew Cliness

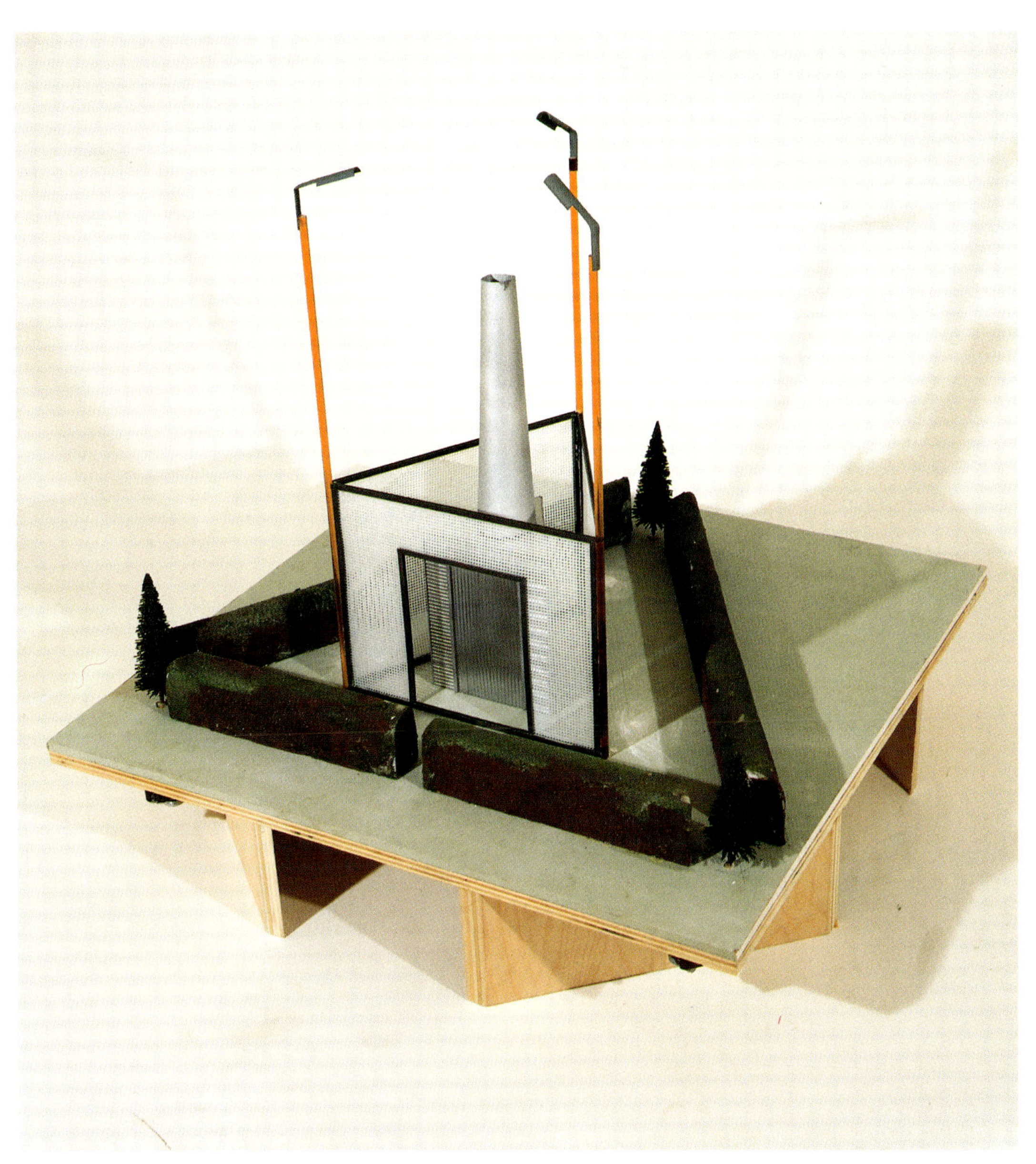

Luca Pancrazzi
È nato nel/He was born in 1961
a/at Figline Valdarno (Fi)
Vive e lavora a/He lives and
works in Milano

Land Escape, 1996
Stampe digitali su supporto
fotografico/Digital prints on
photographic support
Installazione/Installation
Photo Marossi

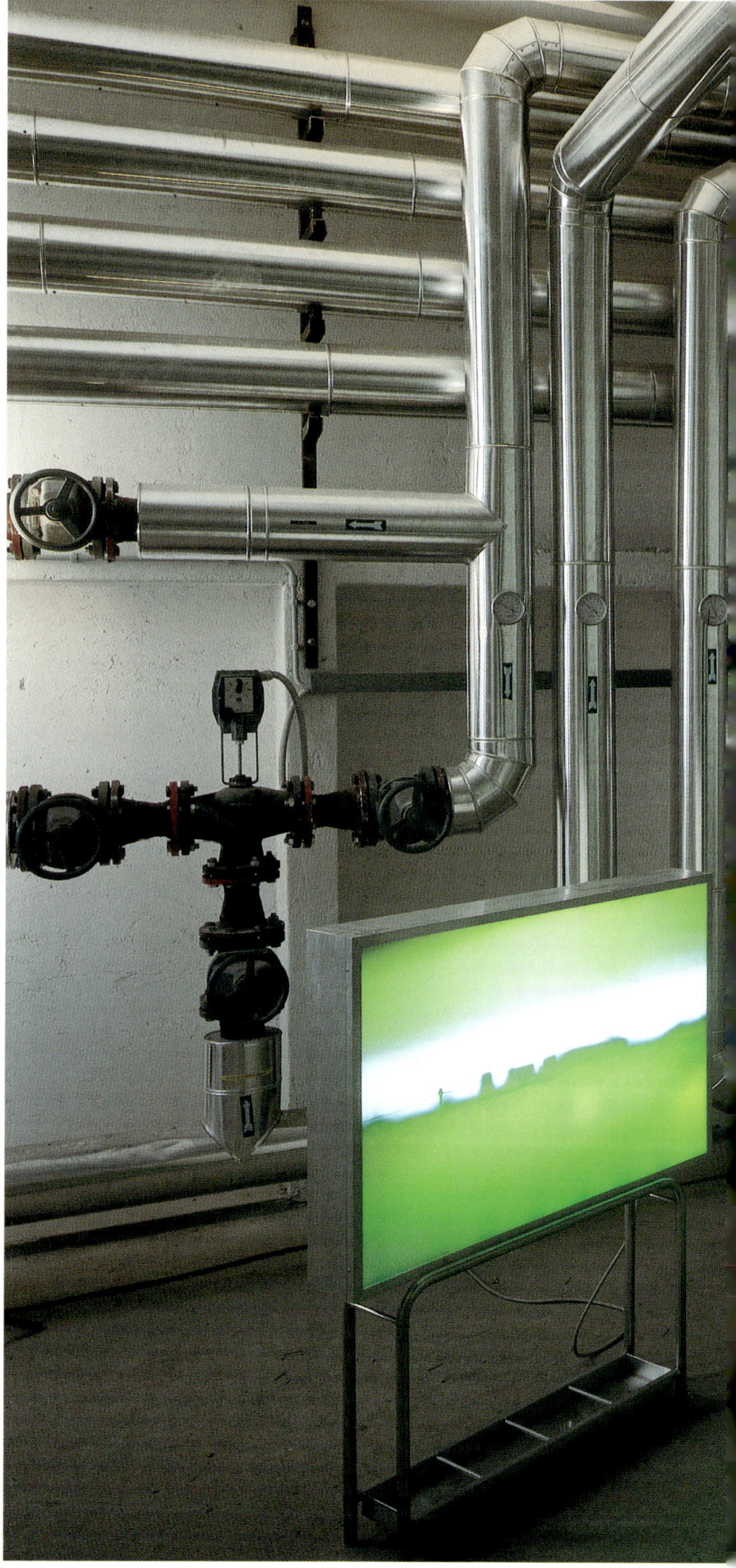

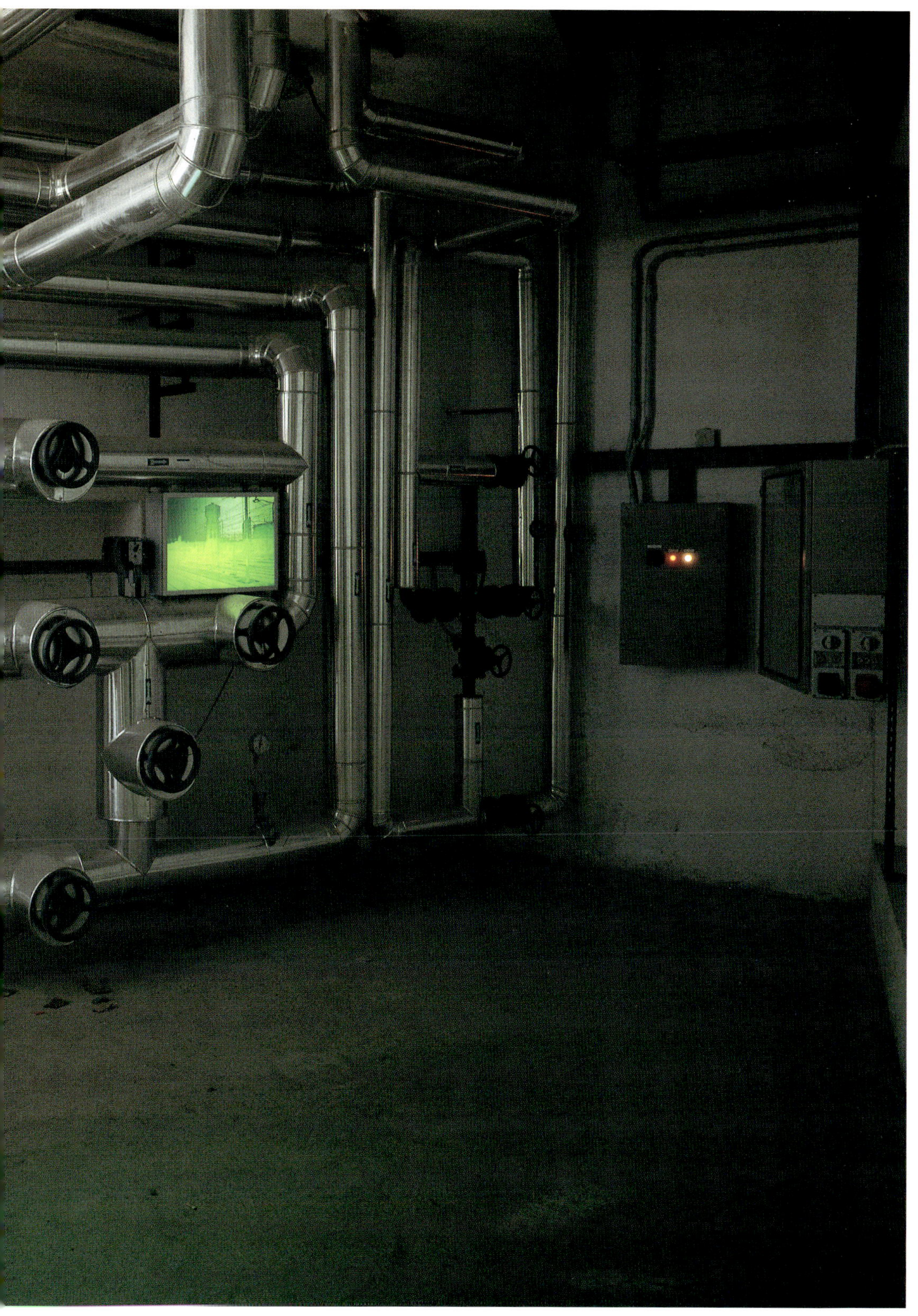

Alberta Pellacani
È nata nel/She was born in 1964
a/at Carpi (Mo)
Vive e lavora a/She lives and
works at Carpi

Senza titolo, 1994
Ferro, piante acquatiche/Iron,
water plants
116 cm ø

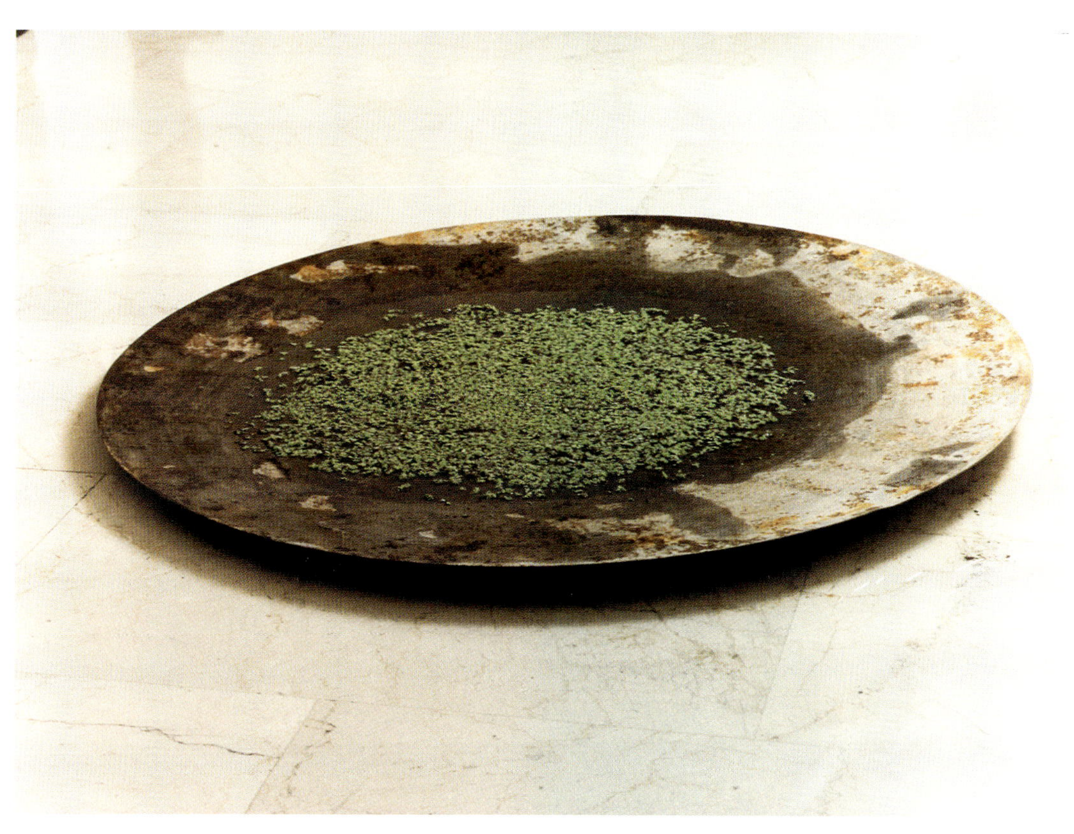

**Alexis Rockman, Mark Dion,
Bob Braine**
Alexis Rockman è nato nel/ was
born in 1962 a/in New York
Vive e lavora a/He lives and
works in New York

Mark Dion è nato nel/was born in
1961 a/at New Bedford, MA
Vive e lavora a/He lives and
works in New York

Bob Braine è nato nel/was born in
1963 a/in New York
Vive e lavora a/He lives and
works in Brooklyn, New York

Concrete Jungle, 1993
Cibachrome, ed.2/6
50,8x 40,64 cm.

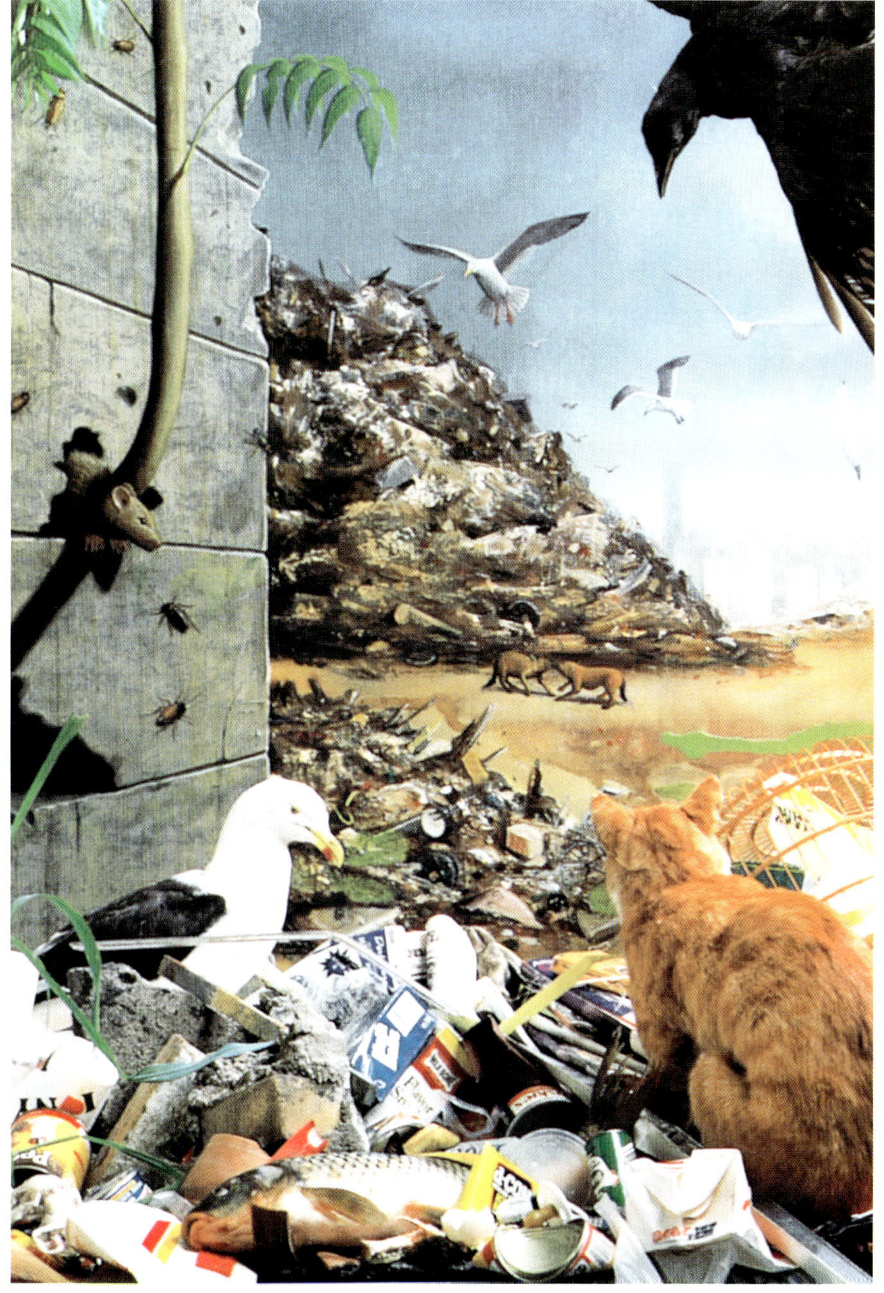

Serse
È nato nel/He was born in 1952
a/at San Polo di Piave (Tv)
Vive e lavora a/He lives and
works in Trieste

Paesaggio adottivo, 1997
Grafite su carta su
alluminio/Graphite on paper on
aluminium
50x144 cm

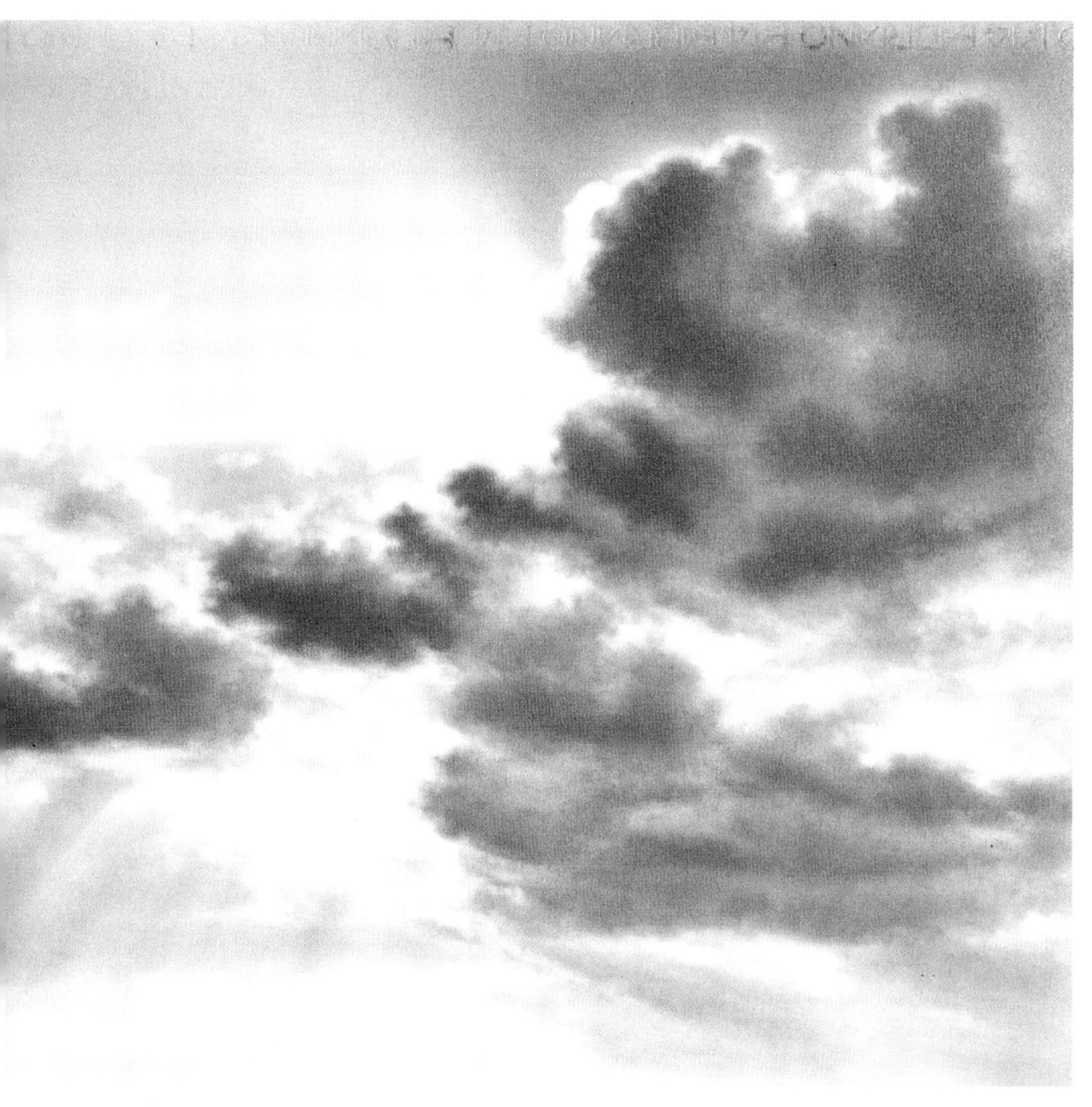

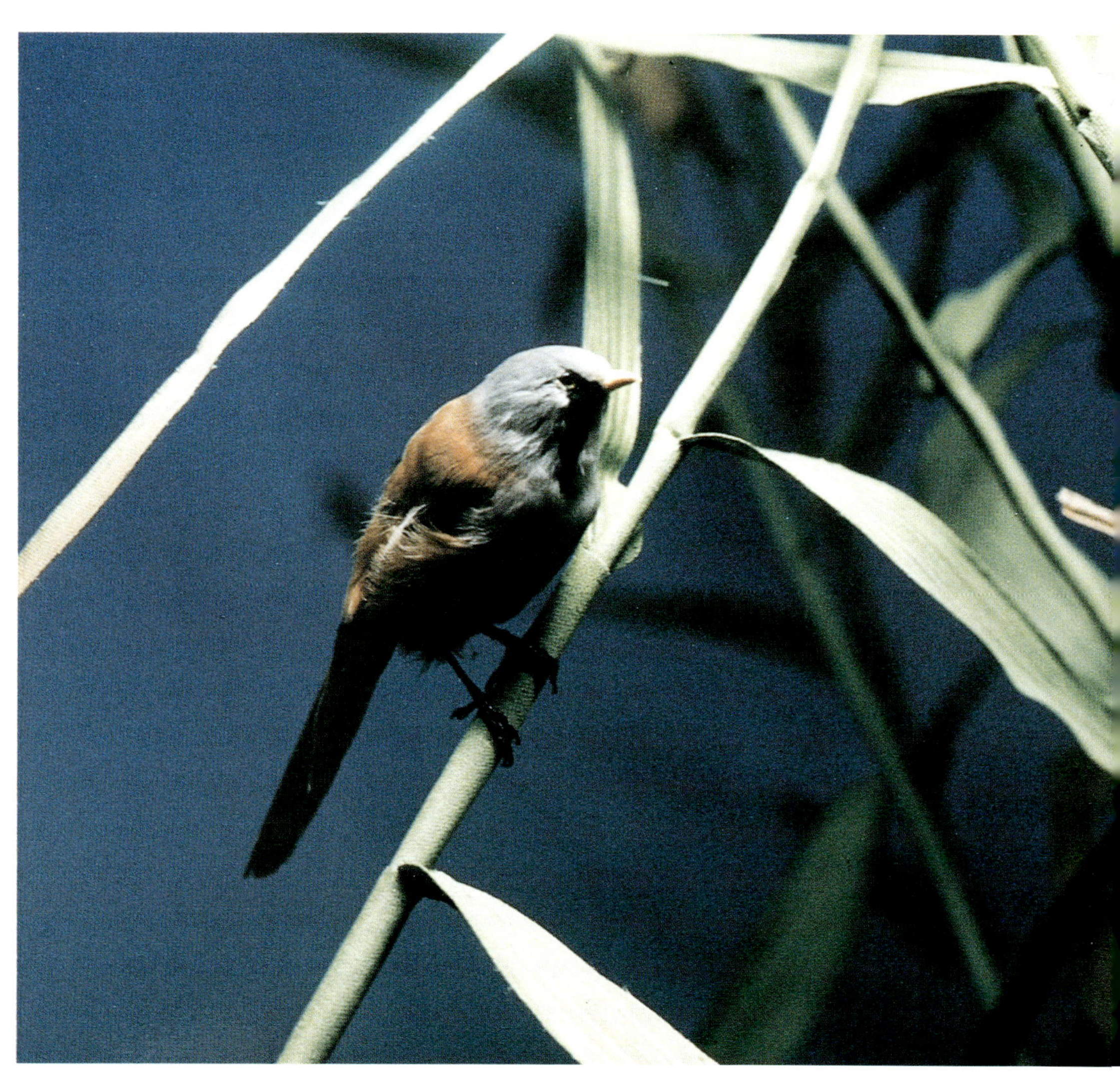

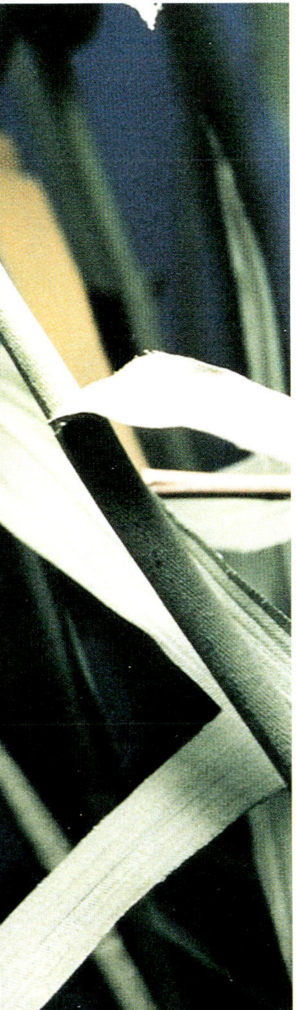

Alessandra Spranzi
È nata nel/She was born in 1962
a/in Milano
Vive e lavora a/She lives and
works in Milano

Sesto continente, 1995
Stampa fotografica a colori/Color
photographic print, ed. 1/5
60x90 cm

Joseph Stashkevetch
È nato nel/He was born in 1958
a/in New Brunswick (New Jersey)
Vive e lavora a/He lives and
works in New York

LA Refinery, 1997
Matita, carboncino e
acquarello/Pencil, charcoal and
watercolor
104x139 cm

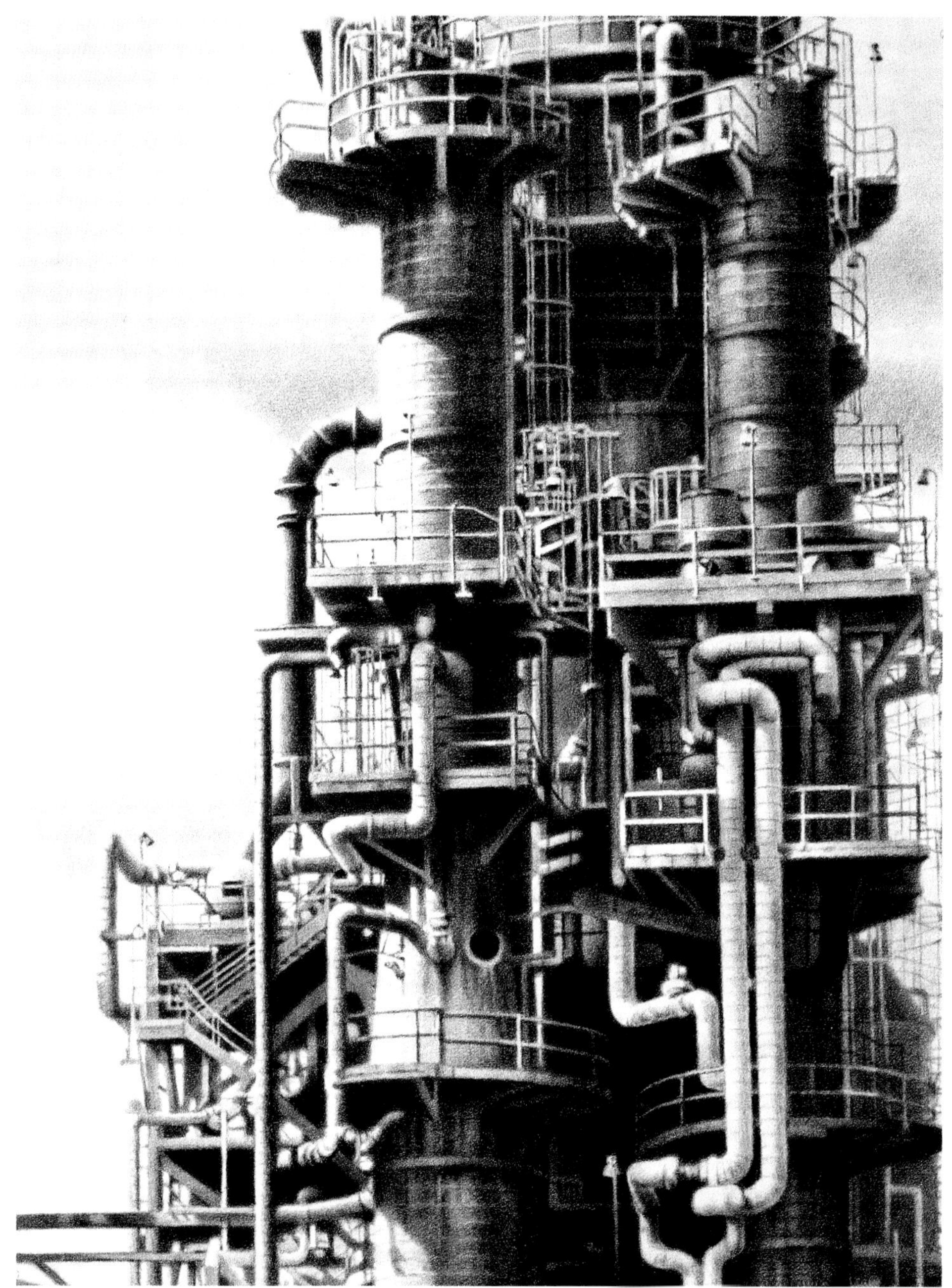

Hiroshi Sugimoto
È nato nel/He was born in 1948
a/in Tokyo
Vive e lavora tra/He lives and
works between Tokyo e/and New
York

*Bay of Sagami, Atam*i, 1997
Fotografia in bianco e nero/Black
and white photograph, ed. 10/25
51x61 cm

Finito di stampare nel mese di gennaio 1998
da Leva Spa, Sesto San Giovanni
per conto di Edizioni Charta